인간은 환경에 어떻게 적응하는가

이대택 지음

지성사

인간은

환경에

어떻게 적응하는가

일러두기

본문에 나오는 주 번호는 책 끝의 참고문헌 번호이자 출처입니다.
참고해 읽으십시오.

인간은 환경에 어떻게 적응하는가

지 은 이　　이대택

2006년 5월 15일 초판 4쇄 발행
1998년 11월 15일 초판 1쇄 발행

편집주간　　김선정
편　　　집　　여미숙, 이지혜, 조현경
디 자 인　　임소영, 이유나
마 케 팅　　권장규

펴 낸 이　　이원중
펴 낸 곳　　지성사
출판등록일　　1993년 12월 9일
등록번호　　제10 – 916호
주　　　소　　(121 – 854) 서울시 마포구 신수동 88 – 131호
전　　　화　　(02) 716 – 4858
팩　　　스　　(02) 716 – 4859
홈 페 이 지　　www.jisungsa.co.kr
이 메 일　　jisungsa@hanmail.net

ISBN 89 – 7889 – 040 – 7(03400)

'그게 뭐 하는 건데요?' 필자가 환경생리학을 공부하였다고 하면 으레 받는, 어쩌면 유일한 질문이다. 환경생리학이란 글자 그대로 환경이란 단어와 생리학이란 단어가 만나 이루어진 복합어이다. 자연환경의 변화에 따라 그 속에 놓인 인체에서 벌어질 수 있는 생리적 현상을 연구하는 학문분야인 것이다. 조금 구체적으로 설명하자면, 인간이 더위나 추위, 다습이나 건조, 고지 또는 물 속, 시차변화, 육체적 활동, 그리고 무중력 등과 같은 환경적 자극과 변화 속에서 어떻게 자신의 생명유지를 위해 적절히 대응하며 변화하는가를 과학적인 증명을 통해 이해하는 응용생리학의 한 가지이다.

여타 학문에 비하면 환경생리학이라는 분야가 본격적으로 연구되기 시작한 것이 그리 오래된 것만은 아니다. 19세기 말 인류문화가 산업화로 치달으면서 생활환경의 변화는 급속하게 진행되었고, 이러한 변화가 인간활동의 효율성을 긴요하게 요구하였던 것이다. 그러다 보니 인체활동의 효율성이라는 문제를 과학적으로 이해하고 좀더 합리적인 해결방식을 찾아내고자 하는 시도가 이루어지기 시작했는데, 바로 그 의도로 시작된 연구분야가 환경생리학인 것이다.

초기에 환경생리학은 급작스러운 자연환경 조건의 변화가 인체에 미치는 영향이 무엇인가를 이해하는 데 그 초점이 맞추어졌다. 그리고 인간이 어떠한 메커니즘을 통해 자연환경에 적응하는가도 연구의 한 목적이었다. 자연히 이러한 연구결과는 특수한 부류의 사람들에게 적용되어 사용되어 왔다. 예를 들자면, 극지를 탐험하는 탐험가들, 시차와 날씨 조건의 차이를 감수하며 외국에 원정경기를 떠나는 운동선수들, 일년의 반 동안 낮과 밤만을 반복하는 남극과 북극의 사람들, 극한 상황에서도 자신의 생명을 보호하면서 전투를 벌여야 하는 병사들 등이 바로 그들이었다.

그런데 현재까지 축적된 연구결과들과 더불어 근자에 들어와서 급변하는 자연환경은 환경생리학의 이용가치를 더욱더 중요시 여기게끔 유도하고 있다. 특히 주목할 만한 것은 연구결과들이 조금씩 보편화되어 가고 있으며 특수부류뿐 아니라 필자나 독자와 같은 평범한 일반인들에게도 적용이 가능하게 진행된다는 것이다. 또한 우리가 평소에 사소하게 여길 수도 있는 환경조건이 인간의 육체적, 정신적 생산성에 큰 변화를 유도할 수 있다는 것도 그 이유이다.

환경생리학의 공헌도는 현재 우리 주위에서도 흔히 찾아 볼 수 있다. 예를 들어 운동생리학이라고 불리는 학문분야도 초기에는 환경생리학자들에 의해 진행되었다. 스포츠 음료의 개발도 그러하거니와, 운동선수의 시차적응과 영양식품, 군인들의 식품개발이나 군복의 개발 등도 환경생리학의 연구분야이다. 우주로 여행을 떠나는 육체적 적응을 연구하는 것도 환경생리학의 한 분야임은 누구도 부인하지 못한다. 대기오염으로 인한 인체의 적응을 이해하는 것 또한 예외는 아니다.

기나긴 시간을 통해 인간은 지구라는 자연환경에 적응하여 왔고 앞으로도 그러해야 한다. 그러기에 환경생리학은 멈춘 학문이 아니고 움직이는 학문이다. 환경생리학의 발전 가능성을 필자는 감히 무한대라고 얘기하고 싶다. 왜냐하면 지금까지는 단순히 환경에 의해 지배되는 인간의 생리적인 반응에 그 연구가 집중되어 왔다면, 앞으로는 역으로 환경조건을 이용하여 인간이 능동적으로 대처할 수 있는 방안을 만드는 것이 필요하기 때문이다. 그리고 환경생리학이 낯선 단어인 것만큼이나 이를 탐구하는 과학자들이 적고, 반대로 연구되어야 할 것들이 너무나 광범위하기 때문이다. 한마디로 불모지인 셈이다.

필자는 환경보호주의자는 아닐지언정 자연주의자이긴 하다. 자연주의자로서 자연을 사랑하고 그 자연환경 속에서 어우러져 살아가는 활기찬 인간의 모습을 바라보고 싶을 따름이다. 이 책을 통하여 많은 사람들이 환경생리학의 효용가치와 이용가치를 느꼈으면 하는 작은 바람을 가져 본다. 그리고 인간과 자연을 끈끈하게 밀착시켰으면 한다.

이 책에는 많은 사람들의 노고가 서려 있다. 이 책의 출간을 가능하게 하여 주신 지성사 식구들에게 감사드린다. 아울러 항상 나의 곁에서 격려를 아끼지 않은 나의 아내에게도 감사드리고 싶다.

1998년 10월 저자 **이대택**

인간은 환경에 어떻게 적응하는가

차 례

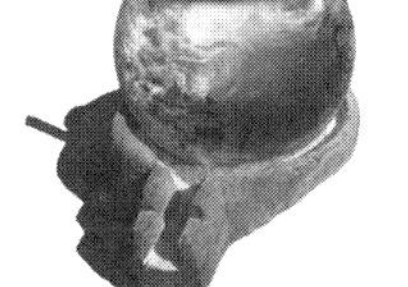

인간을 위한 냉장실이 개발되다(?)

인간을 열처리함으로써 추구하고자 하는 목적을 달성할 수 있을까? 항온동물인 인간의 평상시 체온을 변형시켜, 쉽게 말해 얼리거나 데워서, 보다 나은 결과를 얻을 수 있을까 하는 질문이다. 공상과학 영화에서나 상상하고 볼 수 있음직한 애깃거리일까? 아니면 실생활에 적용 가능한 실용 '안'일까. 정상적인 논리 하에서는 순간적으로 납득이 안 된다. 오히려 인간에게 위험한 발상일 수도 있다. 그러나 많은 사람들의 고정관념과 일반적인 예상과는 달리 인간의 육체를 열처리하는 것이 유리한 경우가 있다.

예를 들어보자. 달리기 시합에 나가는 선수의 체온을 미리 낮추면 유리하다. 무슨 소리인가? 운동시합 전에 체온을 낮추다니. 시합 전이라면 '워밍업(warming-up)'을 통해 미리 체온을 일정 한도 올려야 하는 것 아닌가. 육상경기를 보더라도 많은 선수들이 시합 전에 '스트레칭(stretching)'하랴 워밍업하랴 분주하기만 하다. 워밍업으로 근육의 긴장을 풀어 주고 심리적으로 경기에 대한 준비가 이루어지도록 하기 위함이다. 그런데 근육의 이완과 심리적 준비를 도모한다는 면에서 워밍업이 긍정적인 수단일 수는 있겠으나 체온 상승을 유발시킨다는 면에서는 부정적인 요소로 작용할 수 있다. 특히 지구력을 요하는 운동에서는 더욱 그러하다. 그래서 시합 전에 미리 체온을 낮추는 선랭(先冷, pre-cooling)을 실시하여 인체의 효율을 높이도록 하는 것이다. 결과적으로 선랭이 달리기 선수의 지구력을 키워주는 역할을 한다. 더 오랫동안 빨리 달릴 수 있다는 말이다.[26]

이론적인 배경이 이러한 현상을 뒷받침하는가 한번 알아보자. 휴식을 취할 때 인간의 체온은 일정한 범위 내에서 유지되는데(약 36~37.5도), 주위 환경의 온도가 변하거나 심한 운동을 할 때와 같이 열 생산이 왕성해지는 경우에는 체온이 상당 폭 오르거나 내려가 약 35~39도에 이른다. 그렇다고 이 정도의 체온의 오르내림이 인간의 생명과 건강에 큰 문제를 야기시키지는 않는다. 인간 열처리의 목적은 이러한 체온의 변화 폭을 최대한 이용하여 지구력의 최대 적인 체온 상승을 미연에 방지하자는 데 있다.

체온은 운동이 시작되면 약 5분 후부터 서서히 상승하게 된다. 체온이 상승하기 시작하면 운동 강도에 따라 - 강한 운동에는 빠르게, 약한 운동에는 느리게 - 일정한 상승률을 유지하며 계속적으로 오르게 된다. 그러나 체온이 마냥 끝없이 오르기만 하는 것은 아니다. 운동이 약 20분에서 25분 정도 지속되면 체온은 일정 수준에서 머무르게 된다. 급상승하던 체온이 일정 수준에서 머무른다는 것은 인체가 더 이상의

계속적으로 힘든 운동을 한다는 것은 우리 몸 안의 많은 기능들에 상당한 변화와 무리를 준다는 의미와도 같다. 그런데 이러한 변화 중에서도 특히 눈에 띄는 현상은 우리 인체가 엄청난 양의 열을 생산한다는 것이다. 과다하게 발생한 열은 외부로 발산되어야 하고 그러기 위해서는 땀을 내는 것은 당연하다. 땀의 배출은 체수분을 격감시키며, 이는 운동이 힘들게 느끼도록 하는 원인으로 작용한다. 따라서 운동 중에는 수분을 섭취하거나 차가운 물을 머리에 부어 줌으로써 적절하게 체온을 낮추는 것이 중요하다.

열을 축적할 수 없다는 뜻이다. 그리고 운동을 더 이상 지속할 수 없는 한계에 도달하였다는 증거와도 같다. 결국 운동선수는 체온의 상한점에서 더 이상의 운동을 진행하지 못하고 조만간에 운동을 멈추거나 운동 강도를 줄이게 된다.

이러한 운동 중에 나타나는 생리적 현상을 가만히 생각해 보면 선랭이 왜 지구력에 유리한가를 쉽게 이해할 수 있다. 한계수준에 이른 체온이 운동을 더 이상 못하게 하는 이유라면 그리고 체온이 상승하는 시간 동안이 운동을 지속하는 시간이라면, 체온의 증가폭을 넓혀 주는 것이 지구력을 향상시킨다는 논리가 성립된다. 선랭은 체온을 낮춰 준다. 체온을 낮춘다는 것은 그만큼 운동 시 체온이 증가할 수 있는 여유 폭을 늘여 준다는 말이기도 하다. 여유 폭을 늘이고자 체온의 상한점을 높인다는 것은 현실적으로 불가능하므로, 운동을 시작하기 전의 체온을 무리하지 않는 수준에서 낮추는 것이다. 따라서 운동 중 체온 상승 시간을 늘여 주고 체내에 열을 축적할 수 있는 용량을 늘여 줌으로써 선수에게 더위를 덜 느끼도록 하자는 것이다.

선랭으로 체온 상승 폭을 넓혀 준다는 것은 생리학적으로 또 다른 이점을 인체에 선사한다. 이미 운동 전에 체온이 낮아져 있기 때문에 운동 시작 후 처음 한동안 '열'을 받지 않은 인체는 땀이 나기 시작하는 시간을 연장할 수 있다. 땀이 나기 시작하는 시간이 늦어진다는 말은 적정한 체내의 수분을 더 오래 유지한다는 말과 같다. 체액의 손실은 심장과 혈관계에는 불리한 요소로 작용한다. 체액이 빠져 나가면 그만큼 혈액의 양이 줄어 심장의 박동이 빨라진다. 심장 박동이 빨라지면 빨라지는 만큼 신체적인 고통을 더 느끼는 것이다. 따라서 늦게 배출되는 땀은 인체에 유리한 조건을 부여한다.

선랭이 운동을 수행하는 데 효율적일 수 있는 또 하나의 생리학적 메커니즘은 체액의 재분배이다. '체액의 재분배'란 것을 중앙은행의 자금 분배기능에 빗대어 이해해 보자.

중앙은행은 지방은행의 불필요한 자금을 수합하여 필요한 곳에, 적절한 시간에, 필요한 만큼을 재분배한다. 선랭은 신체 각 부위의 혈액을 중앙으로 몰아오는 효과를 가져온다. 여기서 중앙이란 가슴 부위 즉 몸통 부위를 의미하는데, 심장이 중앙은행의 역할을 하는 것이다. 운동 중에는 신체의 모든 부위에서 근육활동이 일어나는 것이 아니라 일정 부위에서만 왕성하게 일어난다. 달리기를 할 때 장딴지 부위에서 팔 부위에 비해 왕성한 근수축이 일어나는 것을 말하는 것이다. 그리고 이때 장딴지는 다른 신체 부위보다 많은 혈액량의 공급을 요구한다. 이 과정에서 선랭으로 이미 중앙에 몰린 혈액은 장딴지에 더 많은 혈액을 할애하는 것이다.

또한 같은 신체 부위라 하더라도 혈액을 많이 필요로 하는 곳이 있는가 하면 적게 필요한 곳이 있다. 예를 들어 달리기를 위해 사용되는 장딴지를 보자. 운동을 위해 대퇴부의 근육은 많은 산소를 요구하고 이를 위해 다량의 혈액이 필요하지만, 상대적으로 피부 근처에서는 많은 혈액을 필요로 하지 않는다. 간단히 말해서 체액의 재분배는 신체

　　인간이 육체적으로 활동한다는 것은 수많은 생리적인 기능들이 조화롭게 작용된다는 의미이다. 만약에 한 가지 기능이라도 제대로 작동하지 않는다면 바로 그것 하나 때문에 인체의 능력은 크게 떨어지거나 심한 경우 움직임 자체가 불가능하게 될 수도 있다. 그 기능 중의 하나가 바로 체온 조절이다. 운동 중에 급작스러운 체온의 상승은 운동선수의 기능을 빼앗아 버리고 결국에는 기절시키는 경우도 흔히 나타난다.

전체에 적은 고통과 부담을 안겨 주고 심장이 힘들지 않도록 하는 기능을 수행하는 것이다.

그렇다면 선랭은 모든 운동에 적용 가능할까? 꼭 그렇지는 않다. 이미 언급하였듯이 선랭이 지구력을 늘이는 데 유리한 이유는 오랫동안의 운동에서 체온 상승이 운동능력을 제한하는 요소로 작용한다는 것 때문이다. 만약에 체온 상승이 경기력을 제한하는 요소가 아닌 운동 종목이라면 선랭은 무의미할 뿐 아니라 오히려 해를 끼칠 수 있다.[4] 100미터나 200미터 달리기를 예로 들어보자. 단 10~20초에 승부를 결정짓는 경기라면 이 종목들에서 선랭은 필요 없다. 왜냐하면 경기중에 체온이 오른다 할지라도 그 한계점을 계속 끌어가야 할 만큼의 시간을 필요로 하는 경기가 아니어서 체온 상승이 경기력의 제한 요소가 되지 않기 때문이다. 오히려 격렬한 동작의 크기와 폭발하는 근력의 분출은 이완된(약간은 데워진) 근육에서 더욱 능률적으로 생산된다. 단거리 경주에서는 스트레칭이나 워밍업이 바람직하다는 얘기다.

지구력을 요구하는 운동에서 선랭이 최고의 효과를 나타낸다면 마라톤 경주가 선랭을 이용할 수 있는 가장 적격인 운동일까? 결론적으로 말하면 그렇지 않다. 먼저 마라톤은 2시간 이상을 쉼 없이 달리는 운동이다. 마라톤에서는 선수의 체온이 한계치를 넘지 않는 수준에서 계속적으로 유지된다. 마라토너들은 열 생산과 열 발산이 동등한, 그래서 체온이 일정 수준에서 유지되는 운동 강도를 선택하여 달린다. 그렇기 때문에 장시간 달리는 마라톤에서는 선랭의 효과를 볼 수 없다. 더욱이 마라토너들은 구간 중간 중간에 설치된 급수대를 이용해 수분을 공급받을 수 있고 머리와 목에 물을 부어 체온을 식힐 수도 있다. 한마디로 체온 상승이 선수들의 경기력을 제한하는 가장 큰 이유가 아니라는 것이다.

그러면 선행이 효율적이려면 어떤 조건을 가진 운동이어야 할까? 첫째로, 운동 강도가 상당히 높아야 한다는 것이다. 그래서 그 강도로 인하여 체온 상승이 빠르게 일어나고, 그 체온 상승이 지구력을 방해하는 이유로 작용해야 한다. 그러나 너무 운동 강도가 강해서 체온이 미처 상한점에 오르기도 전에 또 다른 방해 요소들에 의해 운동이 멈춰져서는 안 되는 운동 강도라야 할 것이다. 이러한 강도는 쉬지 않고 적게는 약 20분에서 길게는 약 30분 정도 운동할 때의 강도에 해당된다. 이를 다시 표현하자면 개인 최대능력의 약 70~80퍼센트 정도를 말한다. 둘째로는 수분의 공급이나 몸을 식힐 수 있는 시간적 여유나 경기 규정상의 혜택이 없어야 한다. 이러한 두 가지 조건을 동시에 만족시킬 수 있는 운동 종목은 육상경기에서 10000미터 경기를 들 수 있다. 경기 시

일정한 강도로 운동을 계속하기 위해서는 여러 조건들이 맞아 떨어져야 한다. 만약 이 조건 중에 하나라도 적절히 유지되지 않으면 이 하나가 운동을 방해하는 요인으로 작용할 수 있다. 그리고 이 방해요인을 생리적으로 극복하지 못하면 인체는 운동강도를 즉시 줄여야 하거나 운동을 더 이상 못하게 된다.

체온의 상승과 저하 이외에도 인체활동이 제한을 받을 때는 산소의 공급이 부적절할 때, 대사로 인해 만들어진 부산물이 제거되지 않을 때, 운동을 위해 사용되는 에너지원의 공급이 줄어들거나 고갈되었을 때 등등 다양하다.

간은 약 25~30분 그리고 중간에 수분의 공급이 이루어지지 않는다(참고로 남자 10000미터 한국신기록은 트랙에서 28분 30초, 도로에서 29분 29초 그리고 여자는 트랙에서 33분 24초, 도로에서 33분 20초이다).

또 하나의 의문은 과연 선랭을 어떻게 기술적으로 성취하느냐 하는 것이다. 무작정 체온만을 내린다고 될 것은 아닌 게 분명한데 어느 정도의 시간을 소비하고 어느 정도 체온을 내려야 하는가가 문제이다. 선랭을 시도할 때 의복을 최소화한 상태에서(남자의 경우 보통 펑퍼짐한 반바지 하나만 달랑) 두 가지 냉각기술 중 하나를 이용한다. 이 두 가지

개인 최대능력

개인의 체력적 최대능력은 어떻게 측정될 수 있을까. 몇 가지 방법 중 가장 많이 사용하는 것이 바로 '최대산소섭취량(VO_2max, maximal oxygen uptake)' 측정법이다. 인간의 신진대사는 산소의 소비로 이산화탄소를 부산물로 생성하는데, 흡기(inhalation)와 호기(exhalation)의 기체를 분석해서 산소의 소비량을 측정하는 것이다. 최대산소섭취량이란 인간이 최대로 운동할 때 단위시간과 체중당 어느 정도의 산소를 섭취하는가를 평가하는 것이고 이는 보통 ml/kg/min으로 표시한다. 즉 인간의 최대산소섭취량이 55ml/kg/min이라면, 그 사람의 체중 1킬로그램이 1분에 55밀리리터의 산소를 소비한다는 말이다. 근육이 수축하려면 수축에 소비되는 에너지가 필요하고, 운동이 약 90초 이상 지속되는 운동에서는 에너지원인 산소가 있어야 한다. 따라서 많은 산소를 소비한다는 것은 그만큼 많은 에너지를 생산한다는 것과 동일하다. 그래서 인간의 체력을 최대산소섭취량으로 평가하는 것이다. 최대산소섭취량은 개인마다 차이가 많이 난다. 마라톤 선수의 경우는 이 수치가 80ml/kg/min을 넘으며, 지구력을 요하는 축구선수나 크로스컨트리 스키어들도 약 65~70ml/kg/min 이상을 상회한다. 최대산소섭취량은 많은 생리적 요인에 따라 그 수치가 결정되는데 여기에는 주로 유전, 훈련의 정도, 체중, 폐활량, 혈중산소농도, 심박출량, 근육의 미토콘드리아 수 등등 다양하다.

기술은 급랭(急冷)과 서랭(徐冷)이다. 빠른 냉각 즉 급랭은 짧은 시간에 냉각시킨다는 장점이 있겠으나 반대로 냉각 후 체온의 반발 상승이 두드러지게 나타난다. 서랭은 냉각시간이 길다는 단점이 있으나 냉각 후 그 효과가 지속력을 갖는다는 장점을 안고 있다.

냉각을 시도하는 데는 두 가지 매체가 이용되는데 찬공기 또는 찬물이 그것들이다. 공기는 열전도율이 낮은 이유로 냉각시간이 오래 걸린다. 그리고 너무 낮은 공기온도에서는 원하는 만큼 체온을 떨어뜨리기도 전에 손가락이나 발가락 등에 통증을 느낄 수 있다. 찬물은 찬공기에 비해 이러한 면에서는 효과적이다. 물은 열전도율이 높아 열을 금방 빼앗아 가고 물 속에 잠겨 있는 신체표면 부위에서 전체적으로 열을 골고루 빼앗기 때문이다.

그러나 중요한 것은 급랭을 택하든 서랭을 택하든 또는 물을 사용하든 공기를 사용하든 간에 개인에 따라 반응의 폭에 차이가 많다는 것이다. 따라서 모든 선수를 획일적으로 한 가지 방법만을 사용하여 선랭한다면 상당한 오류를 범할 수 있을 것이다. 선랭은 개인의 특수한 생리적 반응을 수차례 면밀히 관찰한 다음 사용되어야 할 것이다. 대략, 젊은 남자의 평균적인 체형을 기준으로 범위를 정해 보자. 약 5도 공기온도에서 30~40분 정도 움직이지 않고 냉각한 후 상온(약 20~24도 공기온도)에서 15분 정도 안정을 취하면 인체의 내부온도(심부온)는 약 0.8~1도 정도 내려간다. 또 약 18도 물에서 가슴까지 차오도록 물에 들어가 30분 정도 앉아 있은 후 상온에서 20분 정도 안정을 취하면 심부온은 약 1~1.5도 내려간다.

　여기서 지적할 중요한 점 두 가지가 있다. 먼저 체온 하강(下降)폭은 약 0.8~1.2도가 적당하나 되도록 체온이 35도 이하로는 내려가지 않도록 해야 한다는 것이다. 둘째로는 선랭 후 약 15~20분 정도 상온에서 안정을 취하고, 그 시간 동안 몸을 약간 풀어 주거나 스트레칭을 실시하도록 한다. 갑작스러운 근육의 늘고 줆으로 인한 상해를 방지하기 위해서이다.

　미래에 어떠한 형태로 이 선랭을 사용할 수 있을지를 상상해 보자. 육상경기가 진행되기 전에 중장거리 선수들은 경기 10~20분 전에 냉장고에서 나와 시합에 대비할 것이다. 그리고 기록 갱신에 한껏 부풀어 있을 것이다. 또는 찬물이 담겨 있는 통속에서(그때는 통이 아니라 이미 상품화된 선수전용 물통일 것이다) 다른 선수의 경기를 지켜보다가 나와 몸을 말리고 시합에 임할 것이다. 아니면 선수대기실을 에어컨으로 냉방시켜서 선수들이 공동으로 사용하도록 한 경기장도 있을 것이다. 경기를 대기하는 중에 이동을 가능하게 하려면 몸을 차게 하는 얼음주머니 같은 것을 고안해 봄 직하다.

　선랭은 미래에 운동선수나 코치뿐만 아니라 직업적인 업무를 수행하는 이들에게도 널리 사용될 수 있는 인체 열처리 방법이다. 일상적, 직업적 환경에서 선랭을 사용할 수 있는 경우는 바로 소방서에서 이러한 기술을 그들의 활동에 접목하는 것이다. 불이 났다는 신고를 받고 출동하면서 그리고 목적지에 도착하는 시간 동안에 소방차 내에서 몸을 냉각시키는 것이다. 불을 진화하는 과정에서 또는 진화가 완료된 이후의 과정에서 건물 내로 진입할 때 무거운 소방복을 착용하고 임무를 수행한다는 것은 그들에게 상당한 체온적 부담을 준다. 외부에서는 열의 잔재로 내적으로는 열의 축적으로 말이다. 이러한 열적 스트레스를 선랭으로 미리 처리한다면 작업 시간의 연장은 물론 작업의 능률을 올릴 뿐 아니라 소방대원의 안전에도 상당한 도움을 줄 것이 자명하다.

　현재로서는 선랭에 대한 실현성의 여부에 대해 많은 사람들이 고개를 갸우뚱해 할 것이다. 그러나 멀지 않은 미래에 운동선수를 위한 그리고 소방대원과 같이 높은 온도를 이겨내야 하는 직업에 종사하는 이들을 위해 냉장고 내지는 냉각장비들이 유용하게 사용될 날이 올 것이다.

축구 선수의 얼음 물 작전

경기 시작을 알리는 심판의 호각소리가 방금 전 내 귀에 울려 온 듯한데 벌써 전반 종료라니. 마치 산사태의 흙더미처럼 경기장 안으로 쏟아져 내릴 듯한 관중석의 관중들은 오늘따라 더욱 나를 위압하고 있다. 저기 꼭대기층의 관중석이 예전보다 더 높아 보이기까지 한다. 무슨 최첨단 장비로 중무장하여 얼마 전 설치한 전광판이라고 누가 귀띔했던가. 갖가지 색상으로 대낮에도 눈이 부실 정도로 휘황 찬란한 검은 바탕의 그것에는 상대 팀이 한 골을 이미 선취하였다는 사실을 나에게 강하게 상기시켜 주고 있다. 그렇지. 아까 경기 초반에 오른쪽 골 포스트를 맞고 나온 축구공. 더욱 얄밉다.

발이 나를 얹고 운반하는 것인지 내가 발을 끌고 가는지 모르겠지만 나의 무거운 발은 어느새 라커룸으로 향한다. 옷 입은 채 샤워라도 한듯이 땀에 흠뻑 젖은 동료들도, 벤치에서 경기를 지켜보던 선수들도 모두 머리를 떨군 채로 라커룸으로 향하는 긴 터널을 통하고 있다. 우린 물을 마시는 둥 마는

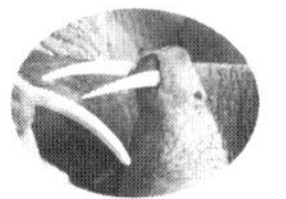

등 라커룸에서 신발 벗을 생각도 잊은 채 각자 늘어진다. 잠시 후면 자세를 고치기도 전에 감독과 코치의 침튀기는 불만의 소리와 작전을 들어야 한다. 아까 전반전에 상대편 수비수에게 걷어차인 정강이는 지금에 와서야 왜 이리 더 아프게 느껴지는 걸까. 다리통을 마사지해 가며 작전에 대해 생각하는 척 해본다. 누가 그렇게 하기 싫어 안 하나. 작전대로라면 결국 상대편 선수들보다 더 많이 더 열심히 뛰어야 한다는 말인데. 당신 한번 뛰어 보쇼. 정말 죽을 맛이다. 오늘 경기에서 지기라도 하면 보따리 싸 가지고 집으로 돌아가 쉬어야 한다. 오늘은 유난히도 덥게 느껴지는 긴 하루이다.

그렇다. 축구는 매우 격렬한 운동이다. 물론 각 선수들마다 포지션이 정해져 있어 자기 구역에서 충실하게 자기 몫만 다하면 되는 것도 사실이지만 약 100미터 길이의 운동장을 때로는 쉼 없이 왔다갔다해야 할 때도 흔하다. 공격에서 수비로 수비에서 공격으로 상대편의 허점을 이용하여 속공하거나, 반대로 상대편의 속공을 막아야만 한다. 전반 45분 후반 45분 그리고 중간에 하프 타임 10분이다. 실로 엄청난 체력 소모를 요구한다.

체력의 소비는 그렇다 치더라도 선수들이 겪는 열적 스트레스는 가히 짐작이 불가능하다. 특히 가만히 앉아 있기만 해도 땀이 흐르는, 30도를 웃도는 한여름의 뙤약볕 아래 야외 경기장에서 설상가상으로 습도마저 60퍼센트 이상 되는 날이기라도 하면, 선수들의 체온은 40도 이상을 오르내리락거리기 십상이다. 만약 이런 조건에서 지치지 않는 선수가 있다면 그는 신이라는 호칭을 받아 마땅하다. 이때 선수들에게 체온 관리를 요구하는 것은 불가능하다. 일단 운동장에 들어서면 가끔 심판의 반칙 호각소리를 이용하여 물을 마시는 것 이외에는 선수들은 마냥 치솟는 체온에 방치되어 있는 셈이다.

양팀 모두 같은 조건이니 상관없을 것이라고 생각할 수도 있지만 우리 팀이 이때 좋은 체력조건을 유지한다면 분명 경기를 풀어 가는 데 유리함은 물을 필요도 없다. 열적 처리는 더위에 지친 운동선수들의 체력을 ‘회생’ 시킬 수 있다. 축구시합 전에는 선랭을 사용해 봄 직하나, 그 효과는 전반전이 끝나기도 전에 사라지고 만다. 따라서 만약 하프타임 중에 또다시 인체를 냉각한다면 후반전 시작 후 약 20분 정도까지는 분명 훌륭한 효과를 얻을 수 있을 게다. 데워진 선수들의 냉각을 위해 다음과 같은 얼음물 작전을 활용해 보는 것이 어떨까 한다.

전반전이 끝난 후에 라커룸으로 들어온 선수들은 폭 70센티미터, 길이 140센티미터 그리고 높이 50센티미터 정도의 개인탕(탕이라기보다는 큰 대야가 어울릴 성싶다) 안에 들어간다. 개인탕 안에는 이미 전반전이 끝나기 직전에 스태프들에 의해 찬물이 채워져 있고 수온은 선수 각자에 따라 미리 정해진 온도를 유지하고 있다. 선수들마다 수온의 차이가 있지만 대략 14~17도 사이가 일반적이다. 선수들은 아래 위 유니폼을 모두 벗어 던지고, 신발은 신은 채(시간 절약을 위해) 탕 안에 들어가는데 방법이 특이하다. 두 다리는 탕의 모서리에 걸쳐 물 바깥으로 내밀고 목 이하의 몸통과 팔은 물 속에 잠기게 한다. 그리고 물수건으로 머리를 식히고 다리 부위를 간간이 식혀 준다. 동시에 약간씩의 수분을 섭취한다. 가능하다면 스포츠 음료나 이온 음료가 바람직하다. 그리고는 감독의 전반전 경기에 대한 평가를 듣고 후반전에 대한 작전을 듣는다.

과연 어떠한 효과를 얻자는 것일까. 그렇다. 우선 급한 대로 체온을 떨어뜨리자는 의도다. 그리고 인체 냉각으로 선수들에게 열적 쾌감(thermal comfort)을 선사하자는 것이다. 체온을 원래 상태로 되돌리는 작업이니 부작용도 그리 크지 않다. 특히 무릎과 발목이 축구 경기를 하는 데 기능적으로 중요하다는 점을 고려해, 다리의 냉각은 직접적으로 그리고 계속적으로 이루어지지 않게 한다.

여기서 우리가 주목해야 할 것은 냉각의 목표가 횡문근(橫紋筋)보다는 장기와 평활근(平滑筋)이라는 것이다. 횡문근은 장기와 평활근보다 온도에 대한 내성(耐性, 견디는 힘)이 강하다. 그래서 냉각은 특히 장기가 위치해 있는 몸통이 주 목표라는 것을

> ### 횡문근과 평활근
>
> 근육은 힘을 생산하고 동작을 만드는 근원지이다. 횡문근(striated muscle 또는 skeletal muscle)은 눈을 깜박이는 동작에서부터 달리기까지 주로 자율적인 움직임을 지배하며, 심장근육(cardiac muscle)이나 평활근(smooth muscle)은 심혈관계(cardiovascular), 호흡계(respiratory), 소화계(digestive), 위장계(gastrointestinal), 비뇨생식계(genitourinary system)를 이룬다. 간단히 생각하자면 횡문근은 뼈에 붙어 동작을 이루는 근육을 말하며 평활근은 내부에 빈 공간을 이루는 근육으로 생각하면 이해가 쉬울 것이다.

알아두어야 한다.

하프 타임 중에 체온을 떨어뜨리는 것은 또 다른 이점을 가지고 있다. 냉각은 땀의 분비를 빠른 시간 내에 중단시키는 역할을 한다. 축구와 같은 격한 운동을 진행하는 동안에는 많은 땀을 흘리게 된다. 그러나 운동이 중단되어도 이미 올라 있는 체온에 의해 땀은 계속적으로 분비된다. 사실 단위 시간당으로 보자면 운동중에 분비되는 땀의 양보다 운동이 끝난 직후에 분비되는 땀의 양이 더 많다. 운동중에는 혈액이 근육과 피부에 동시에 공급되어야 하는 반면에 운동이 끝난 후에는 혈액이 주로 피부 쪽에만 공급되기 때문이다. 그래서 피부 쪽으로 몰린 혈액(체액)은 땀으로 방출되기 쉬워지고, 땀의 양은 자연적으로 경기 때보다 많아지게 되는 것이다.

땀의 양이 줄어든다는 것이 단순하게 들릴지 모르나 생리학적으로는 상당한 의미를 갖는다. 먼저 체액의 보존이라는 면에서와, 둘째로 체액의 분포를 안정적으로 돌린다는 데 중요성이 있다. 보통 땀으로 잃어버린 수분만큼의 물을 마셔 줌으로써 보충하면 될 것 아니냐고 생각하기 쉽다. 그러나 마시는 물이 곧바로, 마시는 족족 인체에 흡수되는 것이 아니다. 또한 흡수된다 하더라도 곧바로 물을 필요로 하는 적재적소에 투입되는 것도 아니다. 흡수된 물이 분배되는 데는 시간이 걸린다는 것이다. 특히 축구시합에서 하프 타임은 10분이다. 이 짧은 시간 동안 물을 엄청 마신다 한들 마신 물이 바로 흡수되지 않는다. 따라서 수분의 섭취보다는 일단 몸 안의 수분이 땀으로 배출되지 않도록 하는 것이 우선적으로 중요하다. 장시간이라면 모를까 단시간을 이용한 수분 보충은 체액 안정을 위한 이차적 수단밖에 될 수 없는 것이다.

인체냉각을 사용할 수 있는 범위는 무한정이다. 축구를 예로 들었지만, 우리나라 팀이 12월에 중동이나 태국의 자카르타에서 국제경기를 치른다는 가정을 해보자. 한겨울에 건조한 또는 습한 더위 속에서 시합을 한다는 것이 선수들에게는 보통의 스트레스가 아니다. 이때 인체냉각을 사용할 수 있지 않을까. 그 밖에 작업환경이 항시 더위에 노출되어 있는 수많은 직종의 직업인들에게도 적용이 가능하다. 안전을 위해 한여름에도 두터운 방열복을 입고 작업해야 하는 제철소가 그 한 예일 수 있다.

꼭 운동선수나 극한 환경에 노출되어 있는 직업인에게만 인체냉각이 적용되는 것은 아니다. 일상 생활에서도 필요하다. 최근에는 건강에 대한 관심들이 높다. 그러다 보니 규칙적으로 운동하는 사람들이 부쩍 늘고 있는 추세다. 그러나 잘못된 운동습관은 우리에게 예기치 않은 결과를 가져오기도 한다. 특히 한여름에 야외에서 운동을 하는 경우에는 햇볕과 기온에 상당한 주의를 기울여야 할 것이다. '그래도 운동은 매일 하는 것이 좋아' 라는 생각으로 선선한 날씨에 하던 운동과 똑같은 운동을 실시하다가는 일사병이나 열사병에 걸리기 십상이다. 더운 날에는 물론 충분한 수분을 섭취하고 운동에 임하는 것이 바람직하지만 운동 전 또는 운동 중에 계속적으로 몸을 식혀 주는 것이 좋다.

운동 중에 계속적으로 전신을 냉각하기란 실제적으로 어려움이 많다. 그러나 신체의 일부분을 냉각하기란 그리 어렵지 않다. 그렇다면 인체의 어느 부위를 냉각하는 것이 가장 효과적일까. 냉각의 효과를 가장 많이 얻을 수 있는 부위는 바로 머리와 목 그리고 등 위쪽이다. 머리와 목 부위는 몸통이나 다리 부위보다 냉각 효율이 높기 때문이다. 머리와 목 부위는 전체 체표면적의 10퍼센트에 불과하지만 인간의 머리 부위는 혈관계의 복잡성과 혈관축소 능력의 부재로 열 발산이 다른 신체 부위에 비해 상당히 크다. 그래서 안정 시에는 약 30퍼센트 그리고 운동 중에는 약 20퍼센트의 열 발산이 머리 부위에서 이루어진다.[32] 특히 이마는 냉각에 상당히 민감한 것으로 알려지고 있다. 아마도 이마의 동맥과 피부로부터의 해면정맥동굴(cavernous sinus)로 흐르는 냉각된 정맥혈류 사이에 열교환이 이루어지는 이유에서일 것이다.[8]

머리 부위의 냉각이 인간에게 열적 쾌적감을 주는 데는 그만한 이유가 있다. 인체의 열이 오르고 내림을 감지하는 인체 내 '온도계' 격인 시상하부(hypothalamus)가 그 어느 신체 부위보다도 머리에 가깝게 있기 때문이다. 예로부터 열이 나는 사람들을 가장 간단하게 식혀 주는 방법으로 이마에 찬 물수건을 얹는 이유도 여기에 있다. 유사하게, 우리가 열을 식히기 위해 머리 위에 찬물을 붓는 이유도 바로 이러한 열적 쾌적감

> **열적 쾌적감**
>
> 열적 쾌적감은 '환경온도에 대한 주관적인 만족감'으로 정의된다. 따라서 열적 쾌적감을 느낄 수 있는 온도의 범위는 옷을 입은 상태에서 방사열, 습도, 공기의 움직이는 속도 등이 종합적으로 작용하여 한 개인으로 하여금 열적으로 만족을 느끼도록 하는 온도 범위인 것이다.

우리의 기억에 지금도 생생한, 인간의 환경에 대한 적응을 여실히 보여
준 사례는 이봉주 선수의 애틀랜타 올림픽과 후쿠오카 마라톤대회이다. 한
여름의 무더운 날씨에 치러진 애틀랜타 올림픽에서는 남아프리카공화국의
투과니가 우승을 차지하였다. 그러나 쌀쌀한 날씨에 치러진 후쿠오카 대회
에서 그는 중도 기권하고 만다. 하지만 그와는 달리 이봉주 선수는 후쿠오
카 대회에서 우승한다. 선수들의 훈련환경과 시합환경은 이렇게 2시간 이
상 사투를 벌이는 경기에서도 간발의 차로 희비를 가른다.

3 0 인 간 은 환 경 에 어 떻 게 적 응 하 는 가

을 누리기 위함이다. 그러나 머리 부위의 냉각이 몸통이나 다리 부위의 온도를 단시간 내에 내리는 것은 아니다. 머리부위 냉각은 일단 열적 쾌적감을 높이는 데 주목적이 있고, 인체가 더위에 견디게 하는 데 도움을 주는 것이다.

한여름에 친구들과 테니스 시합을 벌일 때는 마실 물 이외에도 작은 물수건 하나와 얼음물을 준비해 가는 것도 좋을 성싶다. 필요에 따라 시원한 물수건을 목 주위에 두르고 열을 식히는 것이 운동과 날씨를 동시에 즐기는 방법이다.

요즈음엔 많은 운동선수들이나 모델들 그리고 전문직을 가지고 생활해 가는 사람들이 적지 않게 머리를 빡빡 밀고 다닌다. 머리를 밀지 않는 사람들도 여름이면 전체적으로 머리가 짧아진다. 무의식중에 긴 머리는 더운 날씨에 거추장스러운 요소라고 느끼기 때문이다. 특히 운동선수에게 있어 한여름에 머리를 미는 것은 체온을 관리하는 데 유리할 수 있다. 머리 색깔이 검은 우리나라 사람들에게 있어서는 더욱 그러하다. 긴 머리는 열을 발산하는 데 방해가 될 뿐 아니라 검은 색의 머리카락은 햇볕을 받아들이는 데는 금상첨화이기 때문이다. 당신이 운동선수라면 한여름 시즌에 머리 한번 밀어 보는 것도 좋지 않을까.

지구 상 최고의 방한복 은 지방

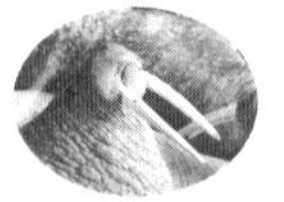

　　일부 여성들에게 지방은 '공포'의 대상이다. 팔에 다리에 허리에 한줌씩 잡히는 흐늘거리는 살은 그들에겐 '살(殺)'의 대상이다. 신촌이나 문정동이나 동대문을 가 보면 살을 죽이고파 하는 여성들의 마음은 더욱 초라해진다. 날씬한 몸매를 가진 여자 이외에는 입을 수 없는 옷들만 내 걸어져 있기 때문이다. 남자들도 그렇다. 살 많은 여자 좋아하는 남정네들 내 주위에 눈 씻고 찾아봐도 없으니 말이다. 나도 그 중 하나다. 정말로 요즘은 마른 스타일의 여성들이 미인의 카테고리에 속한다. 경제 한파도 마른 것에 대한 선호를 퇴출시킬 순 없다.

　　그럼에도 불구하고 '살'의 대상인 지방은 인간이 인간으로서 살아가는 데 중요한 보호자 역할을 한다. 특히 여성에게는 더욱 그러하다. 지방질은 성 호르몬을 만드는 기본 원자재이자 우리 몸이 살아가는 데 필요한 영양분을 저장하는 저장고이기 때문이다. 지방질이 없으면 일단 여자는 '여성'의 구실을 못한다. 매일 밥만 먹고 뜀박질만 해대는 여자 단거리 육상선수들을 보면 가슴도 없을 정도로 깡마른 체구를 가지고 있다. 운동 특성상 에너지원으로 사용되는 지방이 축적될 겨를 없이 소비되기 때문이다. 그런데 이들 중 많은 선수들이 월경불순이나 어린 나이에 폐경을 맞이할 확률이 높다는 사실은 우리를 움찔 놀라게 한다.

곰은 겨울잠을 자러 들어가기 전에 엄청난 음식을 먹어 치운다. 잡식성이라 가릴 것도 없다. 겨울잠을 자는 동안 아무것도 먹지 않고 견뎌 내야 하기 때문이다. 가을에 원기 왕성한 수컷의 '씨'를 받은 암컷이라면 겨울잠을 자는 동안에 새끼까지 낳아야 하는 긴 고행을 견뎌야 하기도 한다. 물론 인간은 겨울잠을 자는 동물이 아니다. 그러나 곰과 같은 고지능의 포유류로서(또 우리 조상도 곰 아니던가) 축적된 지방이 생명 연장에 얼마나 중요한 역할을 하는 것인가를 배울 필요가 있다. 한마디로 굶는 상황에서는 지방 적은 사람이 많은 사람들에 비해 오래 버틸 수 없다.

그럼 과연 뭇 남성들의 시선을 받기 원하는 여성들이 '살' 하려는 지방은 우리 몸에 어느 정도 있어야 하는 걸까. 개인마다 많은 차이를 보이기는 하지만 인간에게 필요한 지방량은 성인의 남자 경우 전체 체중의 약 15~20퍼센트, 성인의 여자 경우 약 20~25퍼센트 정도이다. 아직 젖꼭지를 떼지 못한 유아나 초등학교에 다니는 아동의 경우에는 이보다 약간씩 높은 편이다. 사춘기를 통해 지방량은 점차적으로 줄어들다가, 해가 거듭되고 노화가 진행되면서 지방량은 다시 증가한다. 인

　현재까지 소개된 간접적 체지방 측정 방법은 상당수에 이른다. 각 방법들은 나름대로의 이론적인 근거와 장단점을 가지고 있다. 그렇지만 모든 방법들이 기본적으로 비슷한 가정을 바탕으로 한다. 신체를 구성하는 물질은 크게 두 가지의 화학적으로 상이한 부분으로 나뉜다는 것이다. 바로 지방(fat)과 지방을 제외한 모든 조직 즉 비지방(fat-free)이다.

　비지방의 화학적 조성은 사람의 체온 약 37도에서 비중이 1.1g/cc이며 수분의 함유량은 약 72~74퍼센트이다. 비지방에 포함된 포테이지움(potassium, 흔히들 칼륨이라고 한다)의 양은 남자의 경우 60~70mmol/kg, 여자의 경우 50~60mmol/kg으로 전제되어진다. 이와 반대로, 지방 또는 인체에 축적된 트라이글리세라이드(triglyceride, 중성지방)에는 포테이지움이 함유되어 있지 않으며 비중이 0.90g/cc이다.

　이런 지방과 비지방의 화학적 조성 차이가 현재까지 개발된 체지방 산출법과 측정계기의 이론적 근간을 이룬다. 그래서 고전적인 방법으로 체내 총 수분의 양(total body water), 체내 총 포테이지움의 양(total body potassium) 그리고 신체비중(body density)을 측정함으로써 간접적으로 지방의 양을 산출한다. 최근에는 기계, 기술의 발달로 전기, 전자를 이용한 측정법이 개발되어 좀더 정확한 측정이 가능하다. 그러나 이러한 계측기들은 고가의 장비라는 단점을 가지고 있다.

　여기서 간단히 가정이나 학교, 헬스 센터 그리고 병원에서 자주 접하는 체지방 측정법이 얼마나 정확하며 그것의 장단점은 무엇인지 알아보자.

　가장 널리 사용되는 것은 피하지방 두께(skinfolds thickness) 측정법이다. 이 방법은 가장 간단하고 편리하며 빠른 것이 장점이다. 신체 곳곳의 피부 밑에 축적되어 있는 두 손가락으로 잡히는 지방의 두께를 측정하는 것인데 집게 같은 기구를 사용한다. 그러고는 측정된 피하지방 두께의 수치를 일정한 공식에 대입하여 체지방을 산출한다. 이때 사용되는 공식은 밀도법에 의한 수중 체지방 측정법(hydrostatic weighing technique)으로 만들어진다. 아르키메데스의 원리를 이용하여 신체의 비중을 알아내는 것이다. 지방이 많다면 비중이 낮을 테고 근육질(비지방)이 많다면 비중이 높을 것이라는 원리이다. 그런데 피하지방 측정법은 몇 가지 맹점이 있다. 피하지방을 측정하는 데 사용하는 집게 같은 측정도구(caliper라 한다)는 만드는 제조회사마다 기계적인 독특한 오차를 안고 있다. 또한 가장 큰 약점의 하나는 우리가 한국사람이라는 조건 때문이다. 현재 사용되는 모든 공식은 수십 가지에 달하며 연령, 성별, 직종별로 세분화된 공식들간의 일생을 통해 성인기의 남녀 모두에게 체지방률(percent body fat)이 가장 적게 나타나는 이유는 이 연령대에 인체 활동량이 가장 많다는 데 기인한다. 그러다가 노년기에 접어들면서 섭취 열량에 비해 소비 열량이 적어져 지방이라는 형태의 에너지 보존상태로 축적된다.

지방은 우리 신체 여러 곳에 산재하여 있다. 혈액 속에도 녹아 있고 장기에도 있으며 근육 속에도 상당량 저장되어 있다. 그러나 뭐니뭐니해도 우리가 '피부로 느끼는' 지방의 주요 저장 창고는 피부 바로 아래, 피하지방이다. 학자들은 인체가 가지고 있는 지방 총량의 약 절반은 피하지방이라고 얘기하고 있다.[28] 돼지고기 삼겹살을 보면 쉽게 연상이 될 것이다. 지방의 축적이 심한 경우에는 피부가 몇 겹으로 접힐 정도이다. 목이 그렇고 특히 뱃살은 누구나 싫어하는 지방축적의 주요 장소이다. 그런데 지방이 피하에 축적되는 이유는 다름 아닌 체온 보존의 목적 때문이기도 하다.

어린이들이나 노인들에게 이 목적은 더욱 중요하다. 추울 때는 피부 근처에 위치한 혈관이 축소되어 체온을 보호하는 데 한몫 한다. 어린아이와 노인들은 성인들에 비해 피부 밑에 위치한 혈관 축소능력이 완전하지 않다.[6] 따라서 체온을 보호하는 기능이 건장한 성인에 비해 미숙하다. 이런 이유로 인간은 다른 수단을 강구하여야 한다. 어린아이들과 노인들은 따라서 피하지방의 두께를 두껍게 하여 단열효과의 덕을 봐야 하는 것이다.

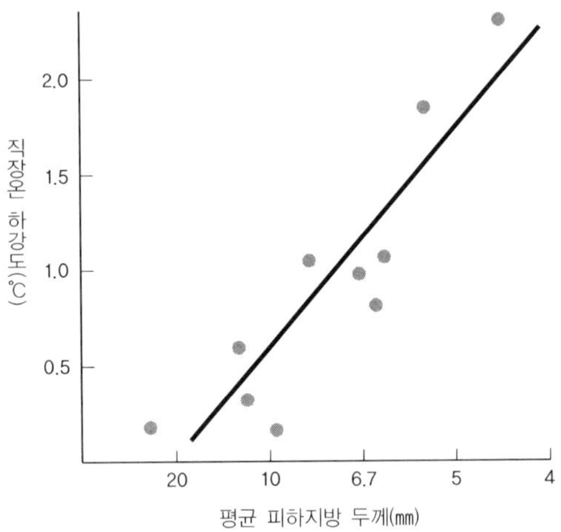

한 실험결과[22]에서 관찰된 피하지방의 두께와 체온감소 정도의 관계를 보이는 그래프이다. 이 실험은 10명의 남자 피험자들이 15도의 물에서 30분 동안 머물렀을 때 감소한 직장온도(그래프의 y축)와 평균 피하지방 두께(그래프의 x축)의 관계를 보여 주고 있다. 그래프에서도 알 수 있듯이 피하지방의 두께가 얇을수록 체온의 감소는 훨씬 빠르다.

　　제주도로 향하던 페리가 전복되었다고 하자. 한여름이라도 남해안의 수온은 우리 인체를 단 한두 시간 내에 충분히 죽음으로 몰고 갈 수 있을 정도로 차갑다. 그렇다면 한두 시간 내에 물에 빠진 사람들이 구조되지 않는다면 어떠한 일이 벌어질까. 뻔하다. 추위에 견디지 못하고 물고기 밥이 되는 것이다. 그런데 누가 먼저 죽을까. 마른 사람들이 먼저 죽는다. 여기에서는 예외 상황이 거의 없다. 마르면 마를수록 찬물에서의 치사율은 엄청 높다. 피하지방은 인간이 추위 속에서 체온을 보호하는 데 가장 효율적인 방한복이다. 대부분의 경우 생사를 판가름 짓는 잣대이다. 찬물 속에서 좋은 의복을 착용하고 있다 하더라도 일단 피하지방이 두꺼울수록 체온 유지가 가장 잘 이루어진다. 미의 기준에서 보면 피하지방이 살생부에 오른 영순위일지 모르나 추위에는 체온 유지의 효율성으로 일등이다.

　　두꺼운 피하지방이 체온 유지에 얼마나 중요한 역할을 하는지, 학계에 알려진 고전적인 사례를 보자. 유럽에서는 도버 해협(영국과 프랑스 사이의 해협)을 수영하여 건너는 대회가 있다. 도버 해협은 변화무쌍한 거센 해류와 조류로 유명할 뿐 아니라 한여름에도 차가운 수온을 자랑하는 험난한 물길이다. 보통 반나절 이상의 시간이 소요되는 이 도영(渡泳)은 그래서 물때를 따져 실시하게 된다. 1955년에 실시된 이 대회에서는 밀물이 시작되기 전 한밤중에, 프랑스의 카프 그리 네즈(Cap Gris Nez)로부터 북동쪽으로 약 3킬로미터 떨어진 곳에서 출발하여 영국의 사우스 포어랜드(South Foreland) 근처 세인트 마가렛 만(St.

　도버 해협을 건넌다는 것은 단순히 수영을 잘한다고 되는 것이 아니다. 차디찬 북유럽 바다의 수온을 잘 견디는 것이 도영을 성공하는 관건이다. 그러기 위해서는 우선적으로 도전자의 신체구성이 어떠한가가 매우 중요하다. 피하지방이 두꺼울수록 찬물에 견디는 능력은 월등하다. 지방이 열의 전도를 차단하는 능력이 우수하기 때문이다. 그리고 여기에 체온보호를 위해 인공적으로 보호막을 두텁게 바르게 되는데 주로 그리스(grease)를 사용한다. 에델(Gertrude Ederle)은 1920년대에 미국여성으로는 처음으로 도버 해협을 건너는 데 성공했다. 위 사진이 바로 그녀가 출발하기 직전에 그리스를 바르는 모습이다.

3 8 인 간 은 환 경 에 어 떻 게 적 응 하 는 가

Margaret's Bay)에 도착하도록 계획되었다. 물살에 밀려 선수마다 수영거리가 가지각색이었는데, 수영이 빨라 해류의 영향을 적게 받은 선수는 총 거리 약 35킬로미터를 그리고 수영이 늦은 선수는 약 41킬로미터를 수영해야만 했다. 이해에는 시합 종반부에 거센 바람의 영향으로 풍랑이 높게 일어, 결국 15명의 남자 선수 중 4명만이 해협을 건너는 데 성공하였고 4명의 여자 선수들은 모두 도중 하차하였다.

영국의 생리학자인 퓨(Pugh)[40]는 이렇게 도버 해협을 건너는 수영 선수들에 대해 한 가지 의문을 품었다. 수온이 약 15~18도 되는 바다에서 적게는 12시간 길게는 22시간까지 체온을 유지하면서 수영한다는 것에 놀라지 않을 수 없었던 것이다. 그리고 이와 비슷한 수온에서 배의 난파로 4~6시간을 물에 빠져 있었음에도 생명을 유지하였다는 사실도 있었다. 그래서 그는 이러한 악조건에서도 어떻게 이들이 수영하거나 살아남을 수 있었던가에 대해 연구하게 되었다. 퓨가 발견한 사실은 이들이 보통 사람들에 비해 모두 평균 피하지방의 두께가 6~10밀리미터 정도 두꺼웠다는 점이다. 찬물에서는 열 손실이 심하여 아무리 신진대사가 왕성하다 한들 체온을 유지하기에는 턱도 없이 모자라는 게 사실이다. 그래서 피하지방의 단열성에 의존하는 것이 수영선수들의 첫 번째 비결이었던 것이다. 이를 뒷받침하는 증거는 또 하나 있었다. 도영한 선수 중에 피하지방이 가장 얇았던 선수의 직장온이 34.1도로 가장 낮았으며, 반대로 가장 두꺼웠던 선수는 도영 전 체온을 끝까지 유지하고 있었다.

　　지방은 미를 추구하고자 하는 젊은 여성들에게 최대의 적이다. 그러나 적정량의 지방은 우리 인체에 꼭 필요한 한방에서의 감초와도 같은 존재이다. 특히 추위에서 체온을 보호한다는 측면으로서는 지방의 역할은 절대적이다. 젊은 여성들은 지방을 너무 미워하지 않았으면 한다.

냉장고 다이어트

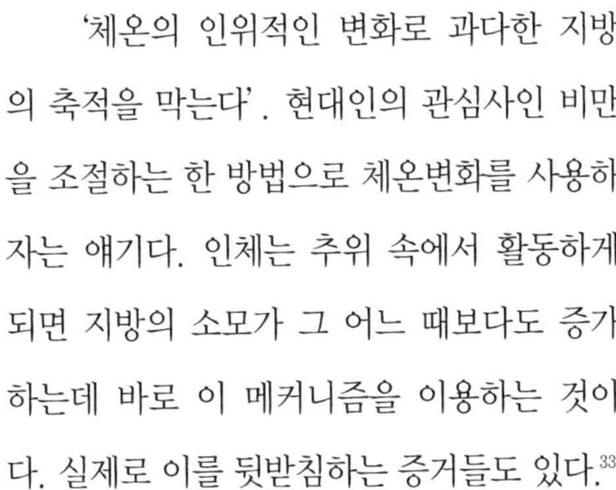

'체온의 인위적인 변화로 과다한 지방의 축적을 막는다'. 현대인의 관심사인 비만을 조절하는 한 방법으로 체온변화를 사용하자는 얘기다. 인체는 추위 속에서 활동하게 되면 지방의 소모가 그 어느 때보다도 증가하는데 바로 이 메커니즘을 이용하는 것이다. 실제로 이를 뒷받침하는 증거들도 있다.[33]

캐나다는 북극지역에 방대한 영토를 가지고 있다. 북극의 혹독한 눈보라와 영하 수십 도를 오르내리는 기온은 인간이 살아가기에는 너무도 잔혹한 환경이다. 그런데 인간이 상주할 수 없는 지역이라 하더라도 캐나다 정부에서는 주기적으로 이곳에 대한 경비를 펼친다. 이 경비에는 캐나다 자국의 병사들이 동원되는데, 한 번의 경비에 약 2주 정도가 소요되고 이들은 썰매를 타고 다닌다. 2주 동안의 경비훈련은 만만치 않은 육체적인 소모를 요한다. 그런데 한 실험에서 경비를 마치고 돌아온 병사들의 체지방이 평균 약 3.9킬로그램이나 감소한 것을 관찰하였다. 병사들은 추위와 육체적 노동이라는 이

중고를 감내하는 과정에서 하루 평균 약 3,248칼로리(보통 일반 성인의
에너지 소모량은 약 2,500칼로리 정도이다)의 열량을 소비하여야만 했다.

극지에서의 급격한 체중 감소 특히 지방의 감소는, 대부분의 극지
탐험가들에게서도 잘 나타난다. 심한 경우에는 탐험 전 체중의 약 30
퍼센트 이상을 잃어버리는 경우도 있다. 극지와 같은 자연환경에서뿐
아니라, 실험실 환경에서도 이러한 현상이 증명된 바 있다. 한 성인을
영하 34도 되는 곳에서, 하루에 약 3시간 반 동안 힘든 운동을 하게 하
였다. 그리고 이것을 10일 동안 실시하였더니 그의 지방질이 약 4킬로
그램 빠졌다는 것이다.[33]

그렇다면 추위 속에서의 힘든 운동을 하는 것이 왜 지방의 소비를
많게끔 하는 것일까. 동물들은 추위를 느끼거나 체온이 떨어지면 혈중
유리지방산(free fatty acid)의 농도가 급증하게 된다. 유리지방산은 지
방이 분해될 때 생성되는 대사물질로, 혈액에 유리지방산이 증가한다
는 것은 축적되어 있는 지방의 분해가 높아진다는 것을 의미한다. 그리
고 처음 한동안 지방의 감소가 급격하게 일어나는 것이다.

인간에게서도 비슷한 반응을 관찰할 수 있다. 처음 추위를 감지하
게 되면 열을 발생시키기 위해 간이나 근육에 저장된 글리코겐
(glycogen)을 우선적인 에너지원으로 사용한다. 그런데 추위가 지속되
거나 섭취한 에너지량이 소비에 필요한 에너지량보다 적은 경우 그리
고 글리코겐이 고갈되면, 주 에너지원은 지방으로 대체되는 것이다. 따
라서 지방의 분해가 가속화되는 것이다.

결과적으로 인간이 에너지를 많이 소비하는 힘든 운동을 추위 속에서 계속한다면 지방의 소비량이 많아지고 자연스럽게 축적된 지방이 감소되는 것이다.

사람이 운동을 할 때, 차가워진 몸은 따뜻한 몸에 비해 많은 열량을 소비한다. 운동이란 근육이 수축하여, 관절을 중심으로 연결된 뼈들이 움직임에 따라 이루어진다. 근육의 수축이 운동의 기본적인 원동력인 셈이다. 그런데 차가워진 근육이 운동을 위해 수축할 때 아주 재미있는 현상을 보인다. 어떠한 목적을 이루고자 운동하려 할 때, 예를 들어 물건을 들어올릴 때나 작은 돌을 발로 차려 할 때 차가워진 근육은 따스한 근육에 비해 많은 근섬유를 사용하게 된다.[43]

여기서 근육의 활동을 잠깐 이해하고 넘어가자. 아령을 들어올린다고 해보자. 3킬로그램의 아령을 들어올릴 때 팔에 붙어 있는 모든 근육이 수축하는 것은 아니다. 3킬로그램을 들어올리는 데 필요한 만큼만의 근섬유가 수축하게 되고, 아령은 들어 올려지게 된다. 이번에는 5킬로그램의 아령을 들어올린다. 아까 3킬로그램을 올릴 때보다 많은 근섬유가 동원되게 된다. 그럼 이번에는 20킬로그램을 들어 올리려고 시도한다. 아무리 해도 안 된다. 모든 팔 근육을 다 동원하여 수축하려고 해보지만 아령은 꿈적도 않는다. 흔히 말하는 역부족이다.

여기서 보듯이 근육은 목적에 따라 적정한 정도만큼 근섬유를 동원하여 수축한다. 그런데 근육의 온도가 낮아지게 되면 운동을 위해 수축하는 근섬유의 수가 증가하게 된다. 다시 말해 3킬로그램을 들어올릴 때 전체 팔 근육의 약 20퍼센트에 해당하는 근섬유가 수축하였다고 가정하자. 그럼 근육이 차가워졌을 때는 3킬로그램을 들어올리기 위해 20퍼센트 이상의 근섬유가 수축한다는 것이다. 근육의 온도가 낮아지면 똑같은 20퍼센트의 근섬유 수축으로는 같은 힘을 발휘할 수 없기 때문에 인체의 자율신경은 낮은 온도에 대응하여 더 많은 근섬유가 수축하도록 하는 것이다. 많은 근섬유가 수축하게 되면 같은 무게를 들어올리는 데 상대적으로 용이하기 때문이다. 인체가 활동목적을 성취하고자 자율적으로 환경을 극복하는 신기한 현상이다.

그렇다고 이런 현상이 공짜일 순 없다. 추위에서 외적으로 같은 육체적 운동을 성취하고자 수축되는 근섬유 수를 증가시킨다는 것은, 그만큼 에너지 사용량이 많아진다는 것을 의미한다. 따라서 추위 자체는 지방의 산화를 돕고, 차가워진 근육은 열량의 소비를 증가시키고, 장기적인 운동은 지방의 사용을 더욱 늘리게 된다. 자동적으로 추위 속에서 운동하게 되면 지방질의 감소가 두드러지게 된다.

한겨울에 야외에서 친구를 기다리려고 오래 서서 오돌오돌 떨거나, 영하 10도의 날씨에 눈싸움을 하고 난 후 더 많은 피로를 느끼는 이유도 여기에 있다. 많은 근섬유의 수축으로 인해 더 많은 에너지가 소비되었기 때문이다. 추위 속에서 운동은 열량 소모와 지방질의 소모를 극대화할 수 있다.

추위 속에서 지방의 운명을 얘기하고 있으니 한 가지만 더 해보자. 북극이나 남극에서 사는 포유류는 추위를 효율적으로 견뎌야 한다.

이들은 곱고 촘촘한 털과 두터운 지방으로 자신들의 체온을 보호한다. 그러나 문제는 여기 있는 것이 아니다. 털도 없고 피하지방도 변변치 않은 발과 다리에 있다. 발과 다리는 항시 극지방의 혹한에 노출되어 있다. 이러한 환경에서는 지질(脂質, lipid)에 문제가 생긴다.

　　사골을 끓인다. 푹 삶은 뼈 국물은 굵은 소금과 숭숭 썬 파를 넣고 기호에 따라 약간의 양념장을 넣으면 밥 말아먹기에는 더 없이 좋다. 사골은 끓일수록 우러난다. 국을 끓일 때도 찌개를 끓일 때도 뼈 국물은 더 없이 좋은 '물' 이다. 다음날도 이 국물을 먹고자 아파트 베란다에 뼈를 곤 들통을 내놓는다. 다음날 아침 우리는 들통의 뚜껑을 열고 뼈 국물의 가장 위 부분에서 하얀 층을 발견한다. 국물이 식으면서 가벼운 기름기가 위로 뜨고 이내 굳어 버린 것이다. 우리는 이 고체 덩어리를 걷어 내고 먹지 않는다. 나쁜 기름기란 것을 알기 때문이다. 이 기름기는 주로 포화지질로 이루어져 있다.

　　온도와 지질 관계를 얘기하고 있었다. 세포를 둘러싸고 있는 지질은 세포의 생명 유지에 매우 중요하다. 그런데 세포를 보호하는 이 지질은 온도가 낮아짐에 따라 점도(viscosity)가 급격히 높아진다. 지질은 온도가 낮으면 낮을수록 쉽게 고체화된다는 얘기다. 뜨거울 땐 둥둥 뜬 노란 기름처럼 보이다가 식으면 하얀 고체가 되는 사골의 나쁜 기름과 같이 말이다. 만약 세포를 둘러싼 지질이 굳는다면 그 세포의 생명은 끝난다. 그렇다면 거의 빙점에 가까운 북극 포유류들의 발과 다리는 어떻게 보호될 수 있을까.

지질은 포화(saturated) 상태일수록 융점(融點, melting point)이 높고 불포화(unsaturated) 상태일수록 융점이 낮다. 융점이 낮다는 것은 낮은 온도에서도 지질이 고체로 굳지 않는다는 것을 의미한다. 그래서 북극의 추위에 적응된 동물들의 몸은 세포를 둘러싼 지질(정확히 지방질 이분자층, lipid bilayer)이 상당 부분 불포화지질로 이루어져 있다. 온도가 낮아도 굳지 않게끔 말이다. 그리고는 낮은 온도에서도 세포를 보호하는 것이다. 사골을 끓이고 나서 진국을 며칠 뒤 손님상 차릴 때 사용하려고 용기에 담아 냉장고에 넣어 둔다. 그런데 기름기는 얼거나 굳지 않고 흐물흐물거리기만 한다. 바로 불포화지질이다.

추위에 적응된 동물에게는 이 불포화지질이 상대적으로 많다. 포화지질과 불포화지질은 공존하는데, 항시 따스한 내장 부위에는 포화지질이 그리고 차가운 말초 부위에는 불포화지질의 비율이 많다. 인간을 북극의 동물과 비교할 수는 없다. 그런데 좋은 동물성 기름기가 추위에서 보다 많이 생성된다는 사실을 알아서 나쁠 성싶지는 않다. 추위에 적응된 인간은 흔히들 얘기하는 성인병을 걱정할 필요가 없을 것이라는 상상도 해봄 직하다.

여기에는 간접적인 증거도 없지 않다. 여러 종족이 어우러져 살고 있는 미국에서는 흔히들 말하는 성인병(고혈압, 심장질환, 동맥경화, 콜레스테롤수치 등등)의 발병률이 흑인 남성에게서 가장 많이 나타난다고 한다. 억지 추론으로 들릴 수 있을지 모르나 오랜 진화과정에서 아프리카라는 열대와 온화한 지역에서 살아온 이들이라는 것을 상기한다면,

이들의 지질조성과 지방분해능력이 자연환경에 의해 지배되고 결국에는 백인들의 그것과 다를 수 있으리라고 생각할 수도 있겠다.

　여하튼간에 인간의 장기적인 추위 적응과 비만과의 관계는 앞으로도 연구해야 할 소재 거리로 남아 있다. 그러나 현재까지는 극지탐험가나 추위에 노출되었던 이들에게서 나타나는 현상을 종합적으로 보건대 충분히 추위가 지방분해능력을 가질 수 있으리라고 사료된다. 앞으로는 다이어트 냉장고가 나오지 않을까 자못 궁금하다.

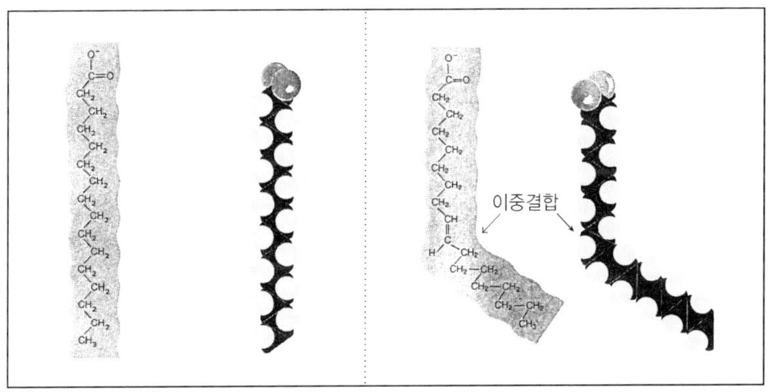

포화지방과 불포화지방의 결합도

　화학적 특성상 탄소와 탄소 사이의 이중결합(doule bonds)으로 인해 지방의 구조가 달라질 수 있다. 탄소 사이에 이중결합이 없을 경우를 포화되었다고 하는데, 이때 탄소 원자는 최대한의 수소 분자와 결합할 수 있기 때문이다. 이와는 반대로 불포화지방은 결합구조상 한 군데 또는 그 이상의 장소에서 이중결합을 이루고 있다.

　이러한 이중결합은 분자의 형태를 바꾸어 놓는다. 포화지방은 길고 직선이며 서로 잘 연결되어 있다. 불포화지방은 이중결합이 된 곳에서 구부러진 모양을 나타내고 확실한 연결이 되어 있지 않은 상태를 보인다. 보통 육류에서 보는 굳은 상태의 지방은 포화지방이고, 식용유와 같은 유체의 기름은 불포화지방이다.

나의 체온은 수십 가지?

부모라면 아기의 울음에 잠 깨어 보지 않은 사람 있을까. 그래도 잠 깨는 것에 그리 놀라지는 않는다. 최소한 아기가 배가 고프거나 기저귀가 젖어서 우는 것이라면 말이다. 그런데 혹 몸이 불덩이 같거나 무엇인가 불편해서 아기가 우는 것이라면 그리고 그 불편이 무엇인지를 모를 때라면 잠이 싹 달아난다. 때로는 황당하기까지 하다. 열을 잰다. 이마에 손을 얹어 보기도 하고 가슴과 등에 손도 대 본다. 몸이 보통 때보다 훨씬 뜨겁다. 그런데 얼마나 뜨겁지? 그렇다. 체온계로 열을 재 보는 것이 가장 객관적이고 아기의 상태를 파악하는 지름길이다. 열나는 아기의 체온을 재는데 항문에 온도계를 꽂는 것이 상쾌하지는 않다. 그래서 그곳을 피하려 해보지만 결국은 그곳만한 곳이 없다. 바동거리는 아기의 겨드랑이를 재기란 여간 어려운 것이 아니기 때문이다. 쟀다 하더라도 만약 잘못 쟀다면 그것도 낭패다. 더군다나 열 나는 애 앞에 놓고 뭘 망설일 수 있겠는가.

　우리는 체온을 인체의 여러 부위에서 잰다. 우리가 알고 있는, 가정에서 사용하는 체온 측정은 주로 항문, 입안, 겨드랑이, 외이(外耳, external ear) 등에서 이루어진다. 요즘은 가정이나 병원에서 체온을 손쉽게 측정할 수 있도록 하는 제품들이 시중에 많이 나와 있다. 유아들을 위해서는 아직도 전통적인 수은온도계를 사용하여 직장온이 자주 측정되고, 아동들을 위해서는 피부에 접촉하면 즉시 온도를 표시해 주는 온도계도 있으며, 외이에서 순간적으로 공기를 흡착하여 온도를 측정하는 전자식 제품들도 있다. 또한 인체에서 발생하는 열을 채집하여 컬러로 보여 주는 서머그래프(thermograph)도 개발되어 우리들의 눈을 즐겁게 해주기도 한다. 그러면 환경생리학에서는 과연 어떠한 방법을 동원하여 체온을 잴까.

　체온은 크게 심부온(core temperature)과 피부온(skin temperature) 그리고 평균체온(mean body temperature)으로 구분한다. 심부온은 인체의 가장 깊은 곳 온도를 의미하며 그래서 되도록 인체 내부의 온도를 측정하는 데 그 목적이 있다. 가장 깊은 곳일수록 가장 높고 안정적인 온도를 유지할 것이라는 전제 때문이다. 그러다 보니 심부라고 여기는 장소도 여러 군데이며 이곳들의 온도를 측정하는 방법도 각기 다르다.

　심부온으로 여겨지는 장소는 직장, 고막, 식도, 내장, 구강 등이 있는데 보통 이 온도들은 실험실에서 별 무리 없이 측정될 수 있다. 특히 최근에는 기술의 발달로 측정장비들이 많이 개발되어 측정이 용이

하며 주로 전기, 전자식을 이용한다. 직장온을 측정하는 데 우리가 일반적으로 사용하는 수은으로 만들어진 유리체온계를 사용할 수는 없기 때문이다.

직장온도는 지름 약 0.2~0.5센티미터 정도의, 유연성 있는 끝이 둥글게 처리된(마치 성냥의 둥근 끝과 같이 생긴) 서머커플(thermocouples, 두 종류의 금속으로 엮어 만들어진 전선)을 항문을 통해 삽입하여 측정한다. 서머커플의 다른 한쪽 끝은 전기장치에 연결하여 전기식으로 온도를 측정하게 된다. 보통 삽입되는 깊이는 약 8~12센티미터 정도 된다. 실험에 동원된 피험자들은 항문 속으로 전선을 집어넣는다는 것을 께름칙하게 생각한다. 그리고 전선을 넣고 있는 동안 계속적으로 불편하지 않을까 하는 의구심들을 갖고 있다. 그러나 전선을 삽입한 지 2분 정도면 거기에 전선이 있는지도 못 느낀다. 직장온도는 심부온 중에서도 가장 온도변화의 기복이 없으며 또한 가장 높은 온도를 유지한다.

고막온도는 미세한 서머커플을 고막 근처에 부착하여 측정하는 온도이다. 아주 얇은 전선을 귀를 통해 집어 넣는데 귀 안에 약간의 통증이 느껴질 때까지 삽입한다. 그리고는 귀(외이)를 솜이나 왁스 같은 것으로 막는다. 고막온도를 측정하는 이유는 고막이 신체의 온도변화를 감지하고 조절하는 두뇌의 시상하부(hypothalamus)에 가장 가깝다는 이유에서다. 그러나 전선을 설치하는 데 기술적인 문제가 크고 다른 심부온에 비해 온도가 결코 높지 않다.

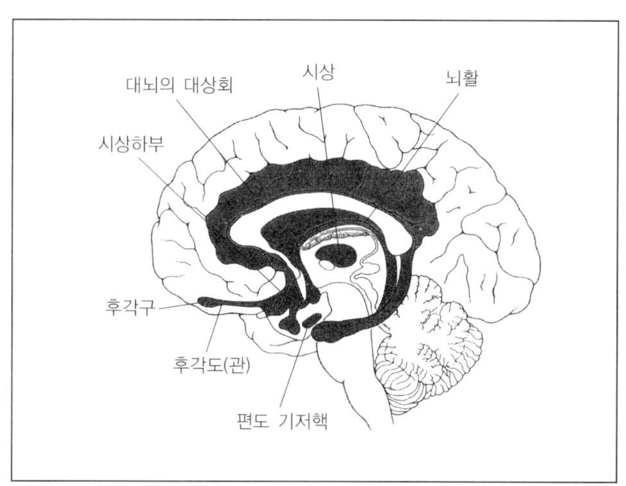

시상하부의 위치를 알 수 있는 뇌 단면도

시상의 아래쪽에 있어 시상하부(視床下部)라 한다. 시상하부는 체온 조절, 체수분 조절, 식욕 조절, 위장활동, 공포나 분노와 같은 감정변화에 관여한다. 또한 뇌하수체로 연결되어 있는 시상하부는 뇌하수체호르몬의 분비를 조절하기도 한다.

식도온도는 직경이 작은 서머커플을 코나 입을 통해 식도 안으로 넣은 후 이것이 심장의 바로 옆에 위치하도록 고정하여 잰다. 이 위치가 선정된 이유는 심장에서 뿜어져 나오는 혈액의 온도가 가장 높을 것이며 그래서 인체의 심부를 가장 대표할 수 있으리라는 가정 때문이다. 때로는 식도로 내려간 서머커플의 위치를 확인하기 위해 X-레이로 투시하기도 하는데, 보통 편의상 피험자 키의 약 4분의 1에 해당하는 전선의 길이만큼을 삽입한다. 병원에서 코를 통해 관을 삽입하고 입원해 있는 환자를 볼 수 있다. 또 내시경 사용을 위해서도 식도로 관을 삽입하는데 바로 이것들과 비슷하다고 생각하면 될 것이다. 그러나 실험에 사용되는 전선은 지름이 약 2밀리미터 정도이며 보통 피험자 자신이 삽입하도록 한다. 식도온도는 다른 심부온에 비해 높다는 장점이 있기는 하지만 침을 삼키면 온도의 변화가 심하고 피험자가 계속적으로 신경을 쓴다는 단점이 있다.

내장온도를 측정하기 시작한 때는 1980년도에 들어와서이다. 이 방법은 우주선을 탄 우주비행사들을 위해 개발되었다. 직장온도나 식도온도 등을 측정하려면 우주선 안에서 거추장스럽게 전선을 달고 다녀야 하는 불편이 따랐다. 내장온도는 지름이 약 0.8센티미터 그리고 길이 약 2센티미터의 원통형으로 생긴 알약과 같은 전파송신장치(transmitter)를 삼켜 잰다. 삼킨 전파송신장치는 일정한 시간이 지난 후 위를 통해 장에 들어간다. 그리고 이때부터 내장온도의 측정은 아무 때나 가능하게 된다. 전파송신장치가 일정한 전자파를 인체 외부로 송출하여 이를 감지하는 장치가 몸밖에서 온도를 측정한다. 온도조절장치는 손안에 들어오는 크기 정도의 전파감지기이며 작동 또한 쉽다. 그러나 사람마다 소화 속도가 다르고 전파송신장치의 정확한 위치를 예측하는 데도 무리가 있어 약점으로 잡히고 있다. 삼킨 전파송신장치는 일정 기간(약 1~3일)이 지나면 대변과 함께 몸밖으로 배출된다.

구강온도는 가장 편리하고, 값싸고, 누구나 쉽게 배워 사용이 가능하다는 장점이 있다. 온도계 하나만으로 측정이 가능하기 때문이다. 그래서 우리가 보통 가정에서 사용하는 방법이기도 하다. 그러나 온도계의 위치, 온도계를 물고 있는 시간, 환경온도에 따라 오르고 내리는 폭이 클 수 있다. 그리고 안정적이지 못하며 다른 심부온에 비해 낮은 온도를 유지한다.

피부온도는 인체 표면 어디에서나 얻어질 수 있는데, 주로 팔, 다리 또는 몸통에서 가장 큰 근육군 위에 측정도구(주로 서머커플)를 설치하여 측정한다. 그 장소로는 여러 군데가 있는데 보통 실험의 규모와 목적에 따라 선택적으로 이루어진다. 그리고 이렇게 측정된 각 신체표면의 온도는 주로 평균 피부온도로 표시된다. 각 부위의 피부온도는 인체가 당시 노출된 환경온에 따라 많은 차이가 나기 때문이다. 예를 들어 몸통, 다리 그리고 팔 이렇게 세 군데에서 피부온이 측정되었다고 하면 각 부위가 차지하고 있는 총 체표면적에의 비율을 인자로 곱하여 평균치를 구하는 것이다. 참고로 상온에서 평균 피부온도는 약 31~33도이다. 그리고 평균체온을 구하는 많은 공식 중 하나는 심부온에 인자 0.7 그리고 평균 피부온도에 인자 0.3을 곱하여 산출한다. 예를 들어 직장온도가 37도이고 평균 피부온도가 32도라면 $(37 \times 0.7) + (32 \times 0.3)$ 하여 평균체온을 35.5도로 하는 것이다.

인체의 온도 중 환경생리학에서 심심치 않게 다루어지는 온도는 바로 근육온도이다. 여기서 말하는 근육은 주로 뼈에 붙어 있는 횡문근(striated muscle)을 의미한다. 인간이 활동하는 데 횡문근의 온도는 다른 온도와 비교해도 중요하다. 마라톤과 같은 격렬한 운동을 할 때 근육온도는 쉽게 42도 이상으로 오르기 때문이다. 근육온도는 실과 같이 얇고 탄력성 있으며 온도 변화를 감지하는 바늘과 같은 금속을 근육에 찔러 측정한다. 마치 한방에서 침을 놓는 것과 비슷하게 연상하면 정확하다. 그리고는 이 바늘에 전선을 연결하여 온도를 읽는 기계에 접합시켜 온도를 잰다.

우리가 일상생활에서 애기하는 '열이 높다' 라던가 '열이 내린다' '몸이 불덩이 같다' 라는 말들 또는 '뜨겁다' 나 '차다' 라는 말들은 체온 생리학적 측면에서 아무 의미도 갖지 못한다. 체온생리학에서는 정확한 온도와 체온이 측정된 장소를 명시하여야 한다. 같은 심부온이라 하더라도 측정장소와 측정방법 그리고 환경온도에 따라 약 1도 이상의 차이가 날 수도 있기 때문이다. 물론 어떤 장소가 정확한 심부온인가라는 질문에는 해답이 없다. 그리고 심부온이 우리의 체온이라고 말할 수도 없는 것이 사실이다. 그렇다고 평균체온을 체온으로 할 수도 없는 문제다. 심부온과 피부온이 변하여도 계산상 평균체온은 일정할 수 있으니까 말이다. 우리가 별 의미를 두지 않고 사용해 왔던 '체온' 은 그래서 정확하게 측정되기 힘들다.

그렇다고 갈등할 필요는 없다. 가장 높은 온도를 체온으로 정의하면 편의상 큰 문제는 없으니까 말이다. 게다가 우리의 일상생활에서는 고열에 관심을 두고 있기 때문에 인체 부위 중 가장 높은 온도를 보이는 곳을 측정한다면 가장 적절할 수 있다. 그런 의미에서 어린아이들에게는 직장온이 가장 추천할 만하다. 그리고 가정에서 성인의 체온은 편의상 구강온도를 측정하는 것이 적합하다 하겠다.

다양한 생체 실험 장비들

환경생리학에서 인간을 대상으로 실험하는 데에 도대체 어떠한 장비들이 동원될까. 인간의 환경에 대한 반응과 적응과정을 알아보기 위해서는 물론 연구하고자 하는 환경의 장소로 사람을 데리고 가서 직접 노출시키고 살펴보는 것이 가장 이상적이다. 그러나 현실적으로 이런 인력 이동은 막대한 예산을 요구하며, 혹 예산이 뒷받침된다 한들 자연환경이 항시 원하는 조건을 만족시켜 주지는 않는다. 세세하고도 정확한 관찰을 하려면 뭐니뭐니해도 적절한 실험장비가 갖추어진 실험실이 필요한 것이다. 여기서 말하는 실험장비들은 환경을 원하는 조건으로 조작할 수 있고 인체가 마치 그러한 자연환경에 정말로 있는 듯하게 만들어 주는 장비를 말한다.

우선적으로 환경을 조작하는 데 가장 중요한 설비는 인공기후실(environmental chamber 또는 climatic chamber라고 함)이다. 인공기후실은 기본적으로 온도와 습도를 조절할 수 있는 가장 단순한 것으로부터 온

도, 습도는 물론 풍속, 풍향, 기압, 조도 그리고 심지어는 비까지 내리게 할 수 있는 최첨단의 것까지 다양하다. 그리고 규모도 작은 것은 작은 단칸방만한 것에서부터 큰 것은 버스 서너 대가 너끈히 들어갈 수 있는 것까지 있다. 인공기후실은 상업적으로 제품화되어 있기도 하지만 여러 기능이 겸비된 것들을 설치하기 위해서는 특수 제작돼야 하는 경우가 일반적이다.

현재 사용되고 있는 인공기후실들 중에 대표적인 것 하나만 소개해 보자. 미 육군이 사용하고 있는 인공기후실이다. 미국 동북부의 도시 보스턴(Boston)에서 서쪽으로 약 30여 킬로미터 정도 떨어진 곳에 네이틱(Natick)이라고 하는 작은 도시가 있는데, 이 도시에는 미 육군에서 설치한 군사연구소 단지가 자리하고 있다. 여기에서는 병사들의 후생복지에 사용되는 모든 것들이 연구 개발되는데 주로 병사들의 체력, 식량, 군복, 천막, 낙하산 등등을 개발, 생산, 평가하는 곳이기도 하다. 그리고 이렇게 제작된 물품들을 병사들에게 보급하기 전에 마지막으로 실험을 통해 그 효용성을 알아보기도 한다.

규모가 큰 실험들은 현재 군사연구소 단지 내 도리옷 인공기후실(Doriot Climatic Chambers)이라고 명명되어 있는 곳에서 이루어진다. 도리옷 인공기후실은 두 개의 기후실로 나뉘어져 있다. 하나는 열대기후실(tropic chamber) 그리고 또 다른 하나는 극지기후실(arctic chamber)이다. 각 기후실은 더위환경이나 추위환경을 전문적으로 조성하며 두 기후실의 온도조절 범위는 영하 57도에서 74도까지이다.

한여름에 한겨울을 만들 수 있고 한겨울에 한여름을 만들 수 있다는 것을 상상해 보자. 한여름에 영하 20도의 얼음공장과, 한겨울에 40도의 갱이나 탄광을 연상하면 된다. 이 기후실은 물론 습도와 풍속도 조절이 가능하고 기후실 안에는 5명 이상이 함께 올라타고 걸을 수 있는 트레드밀(treadmill, 우리는 '러닝머신' 이라고들 한다)도 설치되어 있다. 필요에 따라서는 탱크도 기후실 안에 들어간다. 어마어마한 규모이다. 두 기후실은 서로 마주보고 있으며 그 가운데에는 병사들이 숙식을 할 수 있는 부대시설도 갖추어져 있다.

기압을 조절하기 위한 시설로는 감압실과 가압실이 있다. 감압실은 산꼭대기와 같은 고지를 흉내내기 위한 시설이며 가압실은 물 속 깊은 곳의 수압을 물 없이 재생하는 기능을 한다. 흔히 잠수병을 앓는 환자나 스쿠버를 즐기다가 사고를 당한 잠수부를 응급실로 옮겨 치료할 때 가압실이 이용되기도 한다. 감압실은 실험용 또는 군사훈련용으로 사용된다. 전투비행사가 전투기를 조종할 때 낮은 기압에도 견딜 수 있도록 하는 훈련을 실제 비행 없이도 할 수 있는 것이 이 감압실의 덕이다. 국내에도 공군훈련소에 이러한 초내성(超耐性) 시설을 갖추고 있다. 기능이 좋은 감압실은 지구의 최고봉인 에베레스트 정상 이상에서나 가능한 기압을 조성하기도 한다.

인공기후실 이외에도 환경생리학을 연구하는 시설로는 작은 수영장이 있다. 말이 수영장이지 사실 작은 것은 혼자 겨우 들어갈 만한 좁은 탕에서부터 시작하여 큰 것은 깊이 5미터 이상에 십수 명이 함께 들어갈 수 있는 규모 있는 물탱크까지 있다. 그러나 일반 수영장이나 탕과는 다르게 수온이 정확히 조절되고 유지될 수 있다는 것이 이 물탱크의 특징이다. 이러한 시설에서는 잠수 시 일어나는 현상 그리고 수온의 변화에 따른 인체의 반응 등을 연구하는 데 적합하다.

인간이 높은 압력에서 어떻게 반응하고 적응하는가를 연구하기 위해서는 가압실이 필요하다. 인간 최후의 개척지가 우주라고 할 만큼 우주에 대한 동경이 큰 것은 사실이나, 바닷속 또한 인간이 탐하고 있는 불모지인 것만은 분명하다. 물 속은 깊어질수록 수압의 증가가 심하고 따라서 이 압력을 이기는 것만이 인간이 물 속으로 들어갈 수 있는가를 결정짓는 유일한 문제인 것이다. 따라서 가압실은 잠수병을 치유하는 목적 이외에도 연구목적으로도 사용된다.

마샬우주비행센터(Marshall Space Flight Center)의 모의우주시설(Neutral Buoyancy Space Simulator)이다. 여기에서는 우주비행사들이 우주에서 임무를 원활하게 수행할 수 있게 미리 무중력을 익히도록 하고 있다. 깊은 수영장을 연상하면 가장 적합하다. 이 시설은 1950년대 중반 본 브론(Wernher von Braun)에 의해 만들어진 것인데 우주 비행이 있기 훨씬 전에 만들어졌다는 점에서 미국인들의 계획성을 엿볼 수 있다.

인공기후실이나 물탱크와 같은 시설에서는 복합적인 환경조성이 가능하다. 예를 들어 산은 오를수록 기온이 떨어지는데 인공기후실에서는 온도의 조절뿐 아니라 기압도 함께 조절하여 이와 똑같은 환경조성이 가능하다. 즉 산에 직접 오를 필요가 없다는 얘기다. 또 고온이나 저온에서 수일 동안 불을 환하게 켜 놓고 수면을 이루지 않을 때 나타나는 생리적 변화를 연구하는 데도 인공기후실은 최적의 장소이다. 정교하게 잘 만들어진 기후실은 실내의 공기 조성을 바꾸기도 한다. 인간이 평소에 호흡하는 공기와 다른 공기를 주입하여 어떻게 반응하는가를 실험할 수 있는 설비이다.

보다 특수한 실험시설도 있다. 인간 원심분리기(centrifuge)이다. 주로 공군조종사나 우주비행사를 실험하고 훈련시키는 목적으로 사용되는데 비행기를 조종하는 과정에서 급작스러운 회전이나 방향의 전환은 조종사로 하여금 순간적으로 의식을 잃게 하기 때문이다. 인간 원심분리기는 중력의 힘을 몇 배 이상으로 느끼게끔 한다. 우리도 한번쯤은 가중된 중력을 느껴 봤을 것이다. 놀이공원에서 말이다. 지름이 약 10여 미터 정도 되는, 가운데 축을 중심으로 빙빙 도는 원형의 깡통 안에 들어가서 벽에 등을 기대고 서 있으면 회전하는 힘에 의해 벽에 등이 밀착되고 등을 벽으로부터 떼려 해도 떼어지지 않는 힘을 느껴 봤을 것이다. 바로 원심력 때문이다. 원심분리기 안에서 회전하는 인간은 자세에 따라 혈액이 한쪽으로 쏠리고 뇌에 혈액의 공급이 원활하지 않아 순간 의식을 잃을 수도 있다. 이때 나타나는 현상을 실험적으로 이해함으로써 반대로 이를 방지할 수 있는 대처방안을 강구하기도 한다.

인공기후실이 인체의 생리적 반응을 직접적으로 연구하는 데 적합하다면 환경생리학에서 사용하는 인체 모델들은 이론적인 수치를 산출하는 데 긴요하게 사용된다. 인체의 외형은 그 모습부터 크기, 색깔, 심지어는 털의 많고 적음까지 각양각색이다. 그리고 같은 한 사람에게

미국 텍사스 주의 산 안토니오(San Antonio)에 위치한 브룩스 공군기지(Brooks Air Force Base)의 미 공군 연구실 원심분리기이다. 이 원심분리기는 1963년에 설치되어 아직까지 사용되고 있는 실험장비이다. 이 장비로는 속도에 의해 가중된 중력이 인간의 심혈관, 폐, 신경기능에 어떠한 영향을 미치는가를 연구한다. 이 설비는 순간적으로 중력의 6배를 느낄 수 있는 힘을 조성하며, 최고 중력의 12배까지 만들 수 있다. 인체에 미치는 중력의 힘을 연구하는 것은 우주비행사나 공군조종사를 보호하는 방법을 강구하는 데 긴요하게 사용된다.

서도 순간순간, 더 나아가서는 어제 오늘이 다르기 때문에 정확한 물리적 수량을 환산하는 데는 한계가 있다. 또한 실험 성격상 인간을 오랜 시간 같은 자세로, 극한상황에 오래 노출시킬 수 없는 경우도 많다.

이렇게 직접적으로 인체를 사용하기 곤란한 경우에는 구리로 제작된 마네킹 즉 인체 모델을 이용한다. 마네킹은 여러 종류가 있다. 머리부터 발끝까지 대표적인 체형을 만들어 놓은 것도 있고 손, 발 등 신체의 일부만을 제작해 놓은 것도 있다. 마네킹의 내면과 외면에는 전기적인 감지장치가 있어 온도 등을 감지할 수 있다. 주로 장시간 아주 높은 온도나 낮은 온도의 실험에 사용되며 의복의 특성을 실험하는 데도 사용된다. 예를 들어 여러 가지 방한복을 개발하였다고 가정하자. 어떠한 재질의 방한복이 또는 같은 재질이라도 어떠한 디자인이 체온을 보호하는 데 가장 효율적인가를 알 필요가 있을 때는 인체 실험 외에도 마네킹 실험을 병행한다. 겨울 장갑, 군화, 방한화도 마찬가지이다. 각각 마네킹 손과 발에 착용시켜 보고 이를 평가하는 것이다. 미군들의 (미군의 예를 든 것은 그들의 기술과 정보가 세계적으로 가장 앞서 있으며 이들이 사용하는 것은 곧 전 세계적으로 사용될 것이기 때문이다) 방한 장갑은 벙어리장갑처럼 생겼는데 가운데 중지와 인지를 가르는 홈이 있다. 기능적인 면과 손의 체온보호라는 측면에서 가장 우수한 디자인으로 평가받았기 때문이다. 모두 마네킹 실험을 통해 증명이 가능하였던 것이다.

환경생리학을 연구하는 데는 상당한 시설들이 필요하다. 연구의 범위에 따라 시설이 결정되기는 하겠지만 기본적으로 인공기후실 등이나 그외 기자재들이 절대적으로 정교해야 한다. 사람을 넣고 실험하는 것이기 때문이다.

그런데 이 글을 쓰고 있는 사이 현대건설 기술연구소의 인공기후 실험실에 관한 기사가 보도되었다. 지구의 모든 기후 변화를 일정한 공간에서 경험할 수 있게 인위적으로도 조성해 놓은 것인데 영하 40도의 시베리아 겨울부터 영상 60도의 아프리카 기후까지 변화시킴은 물론 시간당 100밀리리터의 강우와 시속 60킬로미터의 바람도 불게 할 수 있다 한다. 이러한 물리적인 환경을 통해 단열재의 성능, 외벽, 타일 등의 내구성이나 창호기능, 건물환기, 햇빛의 영향으로 인한 탈색 정도 등을 실험할 수 있다고 한다.

현대건설 기술연구소 인공기후실험실의 전경(현대건설 홍보실 사진 제공).

인공기후실험실에서 강우실험을 하는 장면(현대건설 홍보실 사진 제공).

뿐만 아니라 건축토목용 자재, 도로건축물의 내후성, 건설공사 시기후변화에 따른 시공성 실험이 가능하고 자동차, 항공기 및 군용장비, 기계, 화공약품 및 전자제품 등의 사용 전 성능 및 내구·내후성 등을 특성이 명확하게 평가할 수 있다는 것이다.

실제 그 현장을 보진 못했지만 정말 반가운 일이 아닐 수 없으며 이러한 시설이 다른 분야에도 다양하게 연구되어 물리적인 환경을 극복, 이용하는 데 활용되었으면 한다.

땀 흘리는 인간은 아름답다

우리는 춥거나 더우면 이에 대응하여 즉각적으로 행동의 변화를 꾀한다. 조금이라도 추우면 자연스럽게 몸을 움츠리게 되고, 옷을 껴입거나 따뜻한 곳을 찾게 된다. 난로라도 있으면 화력을 올리기도 한다. 최소한 감기만은 피하려 한다. 감기에 걸리기라도 하면 만사가 다 귀찮아지고, 잘못해서 '한' 감기라도 된통 걸리면 며칠씩 불편한 몸으로 출근도 못한다는 것을 잘 알기 때문이다. 30도를 웃도는 한여름에는 선풍기, 에어컨을 최고로 틀어 놓고 움직이기도 싫다. 바깥에 나가기가 겁이 난다. 삼복 더위에는 불쌍한 냉장고 문만 고생한다. 냉장고가 무슨 죄가 있냐 말이다. 찬물로 등목을 하거나 얼음을 둥둥 띄운 시원한 미숫가루 한 사발이면 더 이상 바랄 것이 없다.

인간은 체온 관리라는 명제를 거창하게 여기지 않는다. 단순히 덥고 추운 것에 대한 불편함을 피하려고 할 뿐이다. 그리고 자동적인 행동의 변화를 통해 열적 쾌적감을 느끼기 위한 쪽으로 행동을 몰고 가는 것이다.

그러나 추위나 더위에서 행동적인 방법을 동원하기 이전에 인체는 생리적으로도 더위와 추위에 반응한다. 인체의 생리적 반응은 우리가 잠을 자는 사이에도 철저하게 우리의 체온을 관리해 주고 있는 것이다.

우리 인간이 항상 유지하고 있는 체온은 대사활동에 의한 화학적 반응의 결과물이다. 동시에 열을 발생시키는 그 자체가 신체기능을 유지하기 위한 하나의 목적이기도 하다. 예를 들어, 우리가 섭취한 음식물은 몸 안에서 일정한 화학적 과정과 체계를 통하여 에너지원으로 사용되고, 이때 음식물이 분해되면서 자동적으로 열이 발생한다. 운동을 할 때도 마찬가지이다. 운동을 할 때, 구체적으로 설명하자면 근육이 수축을 할 때 또다시 열은 생산된다. 그런데 운동을 위해 분해되는 에너지들의 대부분은 열 생산에 이용된다. 다르게 표현하자면, 운동을 위해 근육이 수축하는 데는 에너지의 효율이 약 25퍼센트밖에 되지 않는다. 이 말은 우리 몸 속의 에너지가 사용될 때 4분의 1은 운동에너지로, 4분의 3은 열에너지로 전환된다는 것이다. 우리가 섭취한 음식이 대부분 열 생산에 사용되는 것이다.

반대로 대사과정이 원활하게 이루어지려면 정상적인 체온을 유지하고 있어야 한다. 그 이유는 대부분의 화학작용을 순탄하게 이루어지도록 도와주는 우리 몸 속의 효소는 온도의 변화에 상당히 민감하여, 조금이라도 높거나 낮은 온도에서는 효소의 기능이 급격히 떨어지기 때문이다. 결과적으로 체온이 정상 범위에서 약 2도 이상 상승하거나 그 이상으로 떨어진다면 우리 신체는 그 기능의 저하를 감수하여야만

　현대사회의 생활조건이 인간으로 하여금 최소한의 육체적 활동을 요구하고 그래서 운동이 더욱 중요시되고 있다. 사람마다 운동의 강도와 시간, 빈도수가 다르기도 하지만 또 사람에 따라 땀을 흘리는 양도 다르다. 그러나 병적으로 땀을 많이 흘리는 경우를 제외하고는(예를 들어 다한증) 운동을 지속적으로 할 때는 땀을 많이 흘리는 것이 체온 조절에 유리하다. 그러기 위해서는 운동 중에 약 15분에 한 번씩 한 컵 정도의 물을 마셔 주는 것이 좋다.

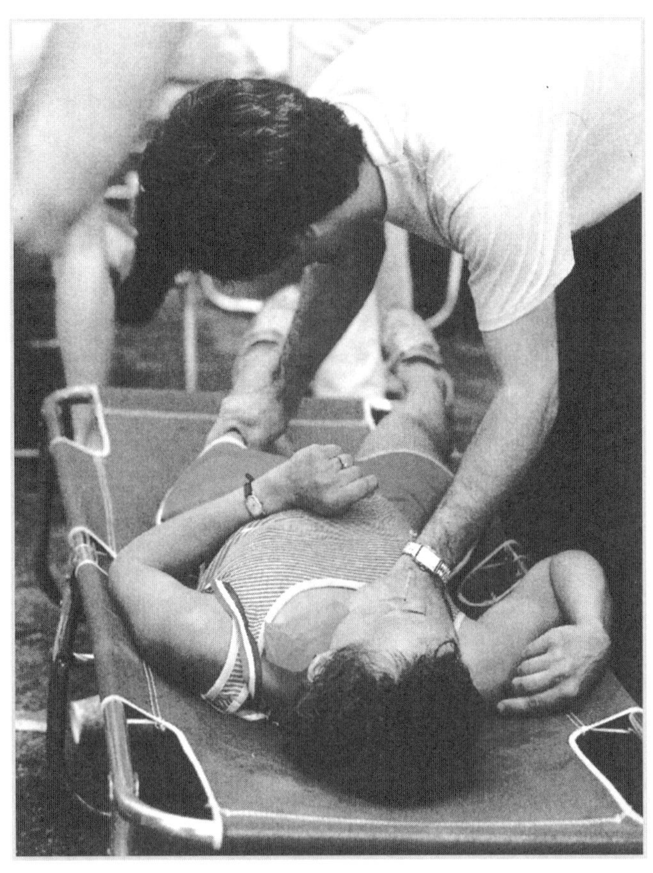

무더운 한여름에 체수분의 과다한 손실이나 체온의 급상승은 때로 생명의 위협을 초래하기도 한다. 고온다습 그리고 따가운 햇볕은 이러한 현상을 더욱 부추긴다. 일사병과 열사병이 이때 대표적으로 나타나는 병적현상이다. 운동 중 열에 의해 쓰러지는 사람들은 빠른 시간 내에 몸을 식혀 주어야 하며 의식이 있다면 약간의 소금을 탄 물을 간간이 마시도록 한다. 그러나 무엇보다도 중요한 것은 예방이다. 더운 여름날에 야외운동은 되도록 피하고 만약 부득이하다면 충분한 수분섭취를 잊어서는 안 될 것이다.

한다. 체온이란 이렇게 인체 대사의 부산물인 동시에 그 자체가 우리 몸의 기능을 유지하도록 해주는 목적물인 것이다.

체온을 유지하기 위해 우리 몸에서는 어떠한 방법을 동원하여 이를 조율하는 것일까. 체온이 떨어질 때와 오를 때를 살펴보자. 체온이 떨어지면 인체는 먼저 '떨기'를 시작하고 말초혈관을 수축한다. 떨기란 근육이 우리의 의지와 상관없이 자발적으로 수축하여 열을 발생시키는 반사적 반응과도 같다. 운동을 위한 목적이 아닌 열의 생산을 목적하는 근수축인 셈이다. 우리 몸의 내부와 피부에는 차가움과 따뜻함을 느끼는 열감각세포(thermoreceptor)가 있다. 이들 감각세포는 각기 느끼는 온도감각을 대뇌의 시상하부에 전달하게 된다. 이 정보를 전달받은 대뇌에서는 체온 유지를 위한 조치가 필요한가에 대한 평가를 내린 후 생리적인 반응을 결정하게 된다. 만약 체온이 떨어지거나 춥다고 느낀다면 바로 떨기를 시작하도록 한다.

혈관수축은 혈관으로 통과하는 혈액의 양을 줄이는 데 그 목적이 있다. 말초부위에 혈액이 통과하는 양이 줄면 그만큼 체열이 피부 쪽으로 이동하는 것이 줄기 때문이다. 결과적으로 추위 속에서 인간은 떨기로 열의 생산을 증대시킴과 동시에 열의 손실을 막도록 이중 작전을 펴는 것이다. 시간 가는 줄 모르고 물놀이를 하던 아이들이 시퍼런 입술을 하고 움츠려 벌벌 떨면서 부모에게 달려가는 것은 바로 열 생산을 올리고 손실을 줄이려는 이유 때문이다.

그러면 체온이 증가하거나 더위를 느끼는 경우엔 어떤 현상이 벌어질까. 추위에서와는 반대로, 열의 생산을 줄이고 열의 발산을 도모하는 것이 체온 유지를 위한 기본 전략이다. 정확히 그렇다. 체온이 오르면 먼저 땀이 난다. 땀샘을 비집고 나온 땀은 대기를 향해 증발되고 이때 증발열교환(evaporative heat exchange)의 힘을 빌어 인체의 온도는 대기로 날아간다. 증발열교환이란 물이 수증기로 변화할 때 물이 있었던 곳으로부터 열을 빼앗아 달아나는 현상을 일컫는다. 물이 증발할 때는 물 1그램 당 약 585칼로리의 열이 필요하다. 과히 상당한 열을 필요로 한다. 그래서 땀의 증발은 더위 속의 인간이 체온을 조절하는 거의 유일한 수단이라고 해도 과언이 아니다. 그러다 보니 더위에서 인체는 땀을 가능한 한 많이 흘리려 하고, 이를 위해 말초혈관을 확장시켜 혈액을 피부 쪽으로 더욱 많이 공급하게 된다. 내부의 열이 피부로 이동하고 또다시 피부에서 대기로 열이 날아가는 것이다.

더위에서는 또한 호흡의 횟수가 늘어난다. 호흡량이 많아지는 것이다. 평상시에도 호흡을 통해 상당한 열이 발산되는데, 증가된 호흡은 허파로부터 수증기의 이탈을 높여 열 발산에 한몫 하자는 심산이다.

땀 얘기가 나왔으니 좀더 하자. 인간은 다른 동물과 달리 땀을 흘린다. 개와 같이 털이 있는 동물들은 더운 날씨에나 뜀박질을 하고 난 후에는 헐떡거린다. 그들이 열을 발산하는 유일한 방법이 입을 통하는 것이기 때문이다. 그러다 보니 아무래도 혀와 입, 호흡만을 사용하여 열을 발산하는 개보다는 체표면적을 전부 사용하는 인간이 열을 발산하는 데 있어서 효율적이다. 그렇다고 땀의 증발을 통해 열을 발산하는 인체 내에서의 열 이동 그리고 인체와 외부환경 사이의 열전달은 물리적으로 크게 네 가지 방법에 의존하는데 바로 전도, 대류, 방사 그리고 증발 등이 그것이다.

전도란 직접적인 접촉에 의해 열교환이 이루어지는 현상을 말한다. 예를 들어 따뜻한 손을 가진 사람이 차가운 손을 잡는 경우이다. 두 사람의 손이 접촉하는 순간부터 손을 놓는 순간까지 따뜻한 손으로부터 차가운 손으로 열이 전달된다. 이렇게 열이 높은 곳에서 낮은 곳으로 직접 이동하는 것을 전도에 의한 열교환이라고 한다.

대류란 기체나 유체의 순환에 의해 발생하는 열전달 형태이다. 같은 실내온도 내에서도 선풍기 앞에서 그리고 같은 수온이라도 흐르는 물에서 열의 이동이 빠른 이유가 바로 대류에 의한 열의 전달 때문이다. 공기나 물의 흐르는 움직임이 열전달을 가속화하는 것이다.

방사란 한 물체로부터 나오는 전자파에너지를 말한다. 한여름에 태양의 열을 받는 것이 바로 방사열교환에 의한 예이다.

증발이란 물이 수증기로 변화할 때를 말한다. 따라서 증발열교환은 물이 수증기로 변화할 때 물이 있었던 곳으로부터 열이 이동하는 것을 의미한다. 사실 인간에게 있어, 특히 더위에서는 증발열교환이 가장 중요한 체온 조절 방식이다. 가장 많은 열 손실을 유도하기 때문이다.

환경조건에 따라 인체와 대기 사이의 열교환 유형이 다음과 같이 달라진다. 예를 들어 25도의 환경에서는 인체와 외부와의 열교환이 방사에 의해서 67퍼센트, 대류에 의해서 10퍼센트 그리고 증발에 의해서 23퍼센트가 이루어지는 것이다.

온도	방사	대류	증발
25℃	67%	10%	23%
30℃	41%	33%	26%
35℃	4%	6%	90%

　　규칙적이면서 자신의 체력에 알맞은 운동을 한다면 더위 속에서 발생할 수 있는
부상을 줄이는 데 많은 도움이 된다. 더위에 적응이 잘된 사람은 그렇지 않은 사람
들에 비해 많은 땀을 배출할 수 있는 능력이 길러지고, 체온을 일정하게 유지하는
데 훨씬 효율적인 능력을 갖게 된다. 더위에 적응이 잘된 경우에는 또한 수분을 섭
취하는 데 요령이 생기며 따라서 체온이 급상승하는 것을 막는다. 더위 속에서의 운
동 경기는 더위 속에서 훈련한 선수들에게 유리하다는 것이다.

것이 모든 면에서 효율적이지만은 않다. 왜냐하면 땀을 흘린다는 것은 우리 몸 속의 수분과 전해질을 외부로 낭비한다는 것이고, 궁극적으로는 혈액의 양을 줄이는 가장 큰 이유로 작용하기 때문이다.

침으로 열을 발산하는 개와 같은 동물은 침 속에 함유된 전해질을 다시 삼킬 수 있다. 그래서 전해질의 재활용이 가능하고 낭비가 최소화된다. 이와는 반대로 땀으로 배출되는 전해질은 고스란히 낭비되는 것이다. 엎친 데 덮친 격으로 피부 밖으로 배출된 땀이 모두 증발되는 것은 아니다. 땀을 흘리면 우리가 무의식적으로 닦아 내거나, 운동하는 경우에는 대부분이 땅바닥으로 떨어져 낭비되고 만다. 이러다 보니 인체의 수분과 전해질은 그 임무를 수행하기도 전에 분실된다.

앞에서 땀을 많이 흘리게 되면 혈액의 양이 줄어든다고 했다. 혈

땀을 분비하는 한선(汗腺, eccrine sweat gland)은 우리 몸의 피부 전체를 통해 약 200~300만 개가 퍼져 있고 주로 체온 조절에 그 기능의 목표를 가지고 있다. 땀의 99퍼센트는 물이고 나머지는 인체에 중요한 전해질과 그 밖의 영양소들인데 그 양의 변화는 무척 심하다. 땀은 체액에 비하면 그 농도가 옅은 편이다. 이 말은 체액의 전해질 농도보다 땀의 전해질 농도가 적다는 것이다. 땀에서 주로 발견할 수 있는 전해질은 나트륨과 염소이다. 땀이 세포 외액으로부터 나오기 때문에 세포 외액에 많은 이것들이 주성분이 되는 것이다. 땀과 함께 배출되는 또 다른 미네랄(무기질)로는 칼륨, 마그네슘, 칼슘, 철분, 구리, 아연 그리고 아주 소량이지만 질소, 아미노산, 수용성 비타민 등이다.

땀과 함께 배출되는 소디움의 양은 땀의 분비량, 더위 적응 상태 그리고 광질호르몬(mineralocorticoid)의 영향에 따라 적게는 5에서 많게는 60meq/L의 변화를 보인다. 더위 적응이 잘된 사람은 한선에서의 소디움 재흡수가 잘 이루어져 땀으로 배출되는 소디움의 양이 적은데[2] 그 양이 5meq/L 이하인 경우도 있다.

액은 인체에서 산소와 양분을 공급하고 조직 사이를 연결하는 고속도로 역할을 할 뿐 아니라 체열을 이동시키는 역할도 담당한다. 열의 발산을 위해 땀을 내려면 혈액은 피부 근처로 이동하여야 한다. 그런데 체열의 발산을 위해 대부분의 혈액이 피부 근처로 몰리게 되면 인체 내부에 위치한 심장과 장기관에는 상대적으로 적은 양의 혈액만이 남게 되어 이들이 부담을 느낀다. 여기에 혈액이 땀으로 배출되어 그 양이 더욱 줄게 되면 부담은 가중된다. 그 결과 우리의 몸이 더워지면 장기와 피부가 줄어드는 혈액량을 놓고 분쟁을 하게 되어 육체적 능력이 감소한다. 서로 필요한 만큼의 혈액을 가져 가려는 시도 때문이다.

그래서 땀을 많이 흘리게 되면 물을 마시는 것이 가장 중요하다. 운동선수도, 공장 근로자도, 건설 작업장의 작업반원도, 도로 경찰도, 환경미화원도 그리고 그외 땀의 손실이 많은 모든 이들도 한여름에는 항시 물통을 달고 다닐 만반의 준비가 돼 있어야 한다. 체온 관리를 위해 땀을 계속 흘려야 하고, 땀을 계속 내기 위해서 물을 보충해야 하기 때문이다. 더우면 땀을 흘릴 대로 흘리고 마실 대로 마셔라. 과분할 정도로.

열대 지방에서 그곳 사람들과 힘 겨루기는 금물

우리 인체는 더우면 어떻게 변하나. 누가 뭐래도 일단 덥다고 느낀다. 그리고 땀이 난다. 이마에도 등에도 가슴에도 겨드랑이에도 다리에도. 피부 어디에서나 땀이 난다. 그리고 더위는 우리를 불쾌하게 만든다. 생리적으로도 더위는 우리의 심박동을 빠르게 하고 때로는 머리에 통증을 느끼게 하고, 어지럽고 속이 메스껍다는 느낌을 받게 하기도 한다. 더위가 지속되면 지속될수록 숨은 점점 가빠지고, 근육에 쥐가 나기도 하며, 얼굴과 목 부분이 창백하게 변하기도 한다. 정신이 몽롱해진다.

그런데 인간이 짧은 시간 내에 더위에 적응(heat acclimation, 단기간의 더위 적응)하는 것이 가능할까. 뭐 대답이야 간단히 '그렇다' 다. 사계절이 있는 우리나라에서는 여름과 겨울에 우리가 다르게 기온에 반응한다는 것을 잘 알고 있다. 그렇다면 무슨 생리적 현상이 어떻게 변해야 '더위에 적응하였다'고 하는 것일까. 뚜렷한 구분이 있는 것인가.

일반적으로 학계에서는 두 가지 생리적

변화로 더위 적응의 정도를 판단하고 있다. 첫째로, 심장기능의 변화에서 더위 적응을 이해한다. 인체는 더위에 적응할수록 적응 이전보다 심장 박동수가 줄어든다. 그리고 이와 유사하게 같은 강도의 운동을 할 때도 적응 전보다 적응 후에 심장이 적게 뛴다. 그만큼 적응 후에는 힘을 덜 들이고도 운동을 할 수 있다.[45]

둘째, 더위에 적응할수록 땀이 일찍 나오게 되고, 또 지속적으로 많이 나오게 된다.[45] 체온이 이미 많이 올라서 손쓸 겨를이 없는 지경에 이르기 전에 미리부터 식히자는 생리적인 작전이다. 또 더위에 적응하면 할수록 땀도 피부 전체에 골고루 퍼져서 나오게 된다. 적응 전에는 땀이 적게 나온 곳에서도, 적응 후에는 땀의 배출이 향상되는 것이다. 그리고 적응 후에는 땀이 나오는 양도, 한때는 많게 한때는 적게 기복을 이루지 않으며 일정한 비율을 가지고 나오게 된다. 쓸데없이 많이 배출되면 비경제적으로 땀이 버려지게 되고 적게 배출되면 체온 조절에 비효율적이기 때문이다. 전투를 많이 겪어 본 병사가 노련하듯이 땀도 더위에 노련히 대처하는 전략가로 변신하는 것이다.

더위 적응은 인위적으로도 만들 수 있다. 더위 적응을 인체가 습득하기 위해서는 최소한의 요구조건이 필요하다. 먼저 인체가 높은 온도를 겪도록 해야 한다. 그러나 더위 적응을 빠르고 효과적으로 이루려면 적절한 강도의 운동과 함께 하여야 한다. 인위적인 더위 적응은 빠르면 2주 정도의 시간으로도 가능하다고 알려져 있다.

실험적 증거를 하나 살펴보자. 건장한 젊은이들을 대상으로 하루에 1시간씩 더위 속에서 걷도록 하였다. 더위에서 걸은 첫날에 젊은이들의 심장 박동수와 심부온은 평상온도에서 걸었을 때보다 월등히 높았다. 평상온도에서 운동했을 때에 비해 더위 속에서 운동했을 때가 힘들고 체온도 많이 상승했다는 얘기이다. 당연하다. 우리가 잘 알고 있듯이 더위란 인체에 상당한 스트레스를 선사하기 때문이다. 그후 젊은이들은 10일 동안 똑같은 걷기 운동을 실시하였다. 그 결과 첫날에 비해 적응 10일 후에는 심박수가 1분당 40회 정도 줄었고 심부온은 약 1도 이상 낮게 나타났다. 결과적으로 평상온도에서 같은 강도로 걸었을 때와 비교하여 별로 높지 않은 상태였다. 또한 10일 동안의 더위 적응은 땀의 양을 10퍼센트 정도 증가시켰다. 증가된 땀이 체온을 낮게 유지하도록 도와준 셈이다.[12]

지구상의 자연환경에는 크게 두 가지 더위가 있다. 정글과 같은 습한 더위가 있는가 하면 사막과 같은 건조한 더위가 있다. 그러다 보니 더위에서의 반응과 적응은 두 가지로 이해되어야 한다. 건조한 더위와 습한 더위는 인간에게 어떠한 다른 영향을 미칠 수 있을까.

습도와 체온을 얘기해야 하니, 이전에 잠깐 땀의 증발에 대해 언급할 필요가 있다. 땀이 증발하는 데는 두 가지 요인에 의해 그 효율성이 결정된다. 첫째, 땀이 우리 전체 피부면적의 얼마만큼을 적시고 있는가 하는 문제이다. 되도록 전체 피부면적의 많은 부분을 적시고 있을수록 증발로 인한 체열의 방출이 많아지기 때문이다. 둘째, 땀의 증발은 외부의 습도에 철저하게 의존한다. 습기는 높은 곳에서 낮은 곳으로 이동하며, 그렇기 때문에 습한 날일수록 땀의 증발이 힘들어진다. 비오는 날에 비해 햇볕이 화창한 날에 빨래가 더욱 잘 마르는 원리와 같다.

이렇게 땀의 증발 효율성을 놓고 볼 때 건조한 더위가 인체의 반응과 적응에 편의를 제공할 것이라는 가정이 생긴다. 건조할 때 땀의 증발이 월등하게 우수하기 때문이다. 그래서 뜨거울지언정 건조한 곳에서는 열의 발산이 용이하다. 그러나 체열이 쉽게 발산된다고 체온 유지에 항상 이로운 것은 아니다. 증발이 용이한 만큼 땀의 소비가 많기에 수분 보충이 없기라도 하면, 몸 안에 수분이 급속도로 부족하여 체온을 상승시키는 또 다른 요인으로 작용하기 때문이다.

그럼 인체는 습한 더위에서 어떻게 제한된 땀의 증발을 극복할까. 여기에도 방법은 없지 않다. 더위에 적응된 인체는 증발의 극대화를 위해 피부의 온도를 높여 피부의 상대습도를 높게 한다. 피부온도를 높인다는 것은 피부 근처에 혈류량(blood flow)을 증대시킨다는 것이다. 따라서 습한 더위에서 적응된 인체는 건조한 더위에서 적응된 인체보다 피부 혈류량(skin blood flow)이 높다.[14]

그러나 이러한 노력이 완벽한 것은 아니다. 습한 더위에서는 피부에 솟아난 땀이 모두 증발되는 것이 아니기 때문이다. 높은 습도 때문에 배출된 땀이 증발되지 않고 흘러내림으로써 낭비되고 만다. 그래서 체온을 일정 수준에서 유지하려는 인체의 노력도 결국은 허사로 돌아가고 마는 것이다. 고온다습한 곳에서의 고된 육체적 활동이 인간을 더욱 빠르게 지치게 하는 이유가 바로 여기에 있다.

그렇다면 재미있는 발상을 하나 해보자. 습한 더위에 적응된 사람이 건조한 열대지방에, 또는 건조한 더위에 적응된 사람이 습한 열대지방에 가게 된다면 어떠한 현상을 보일까. 말레이시아 사람이 사우디에 또는 사우디 사람이 말레이시아에 가는 꼴이다. 같은 더위라는 동일한 조건이겠으나 습도의 차이 때문에 생리적인 미묘한 반응의 차이가 있을 법하다. 믿기 힘들지만 이 문제에 대한 과학적인 데이터는 아직 없는 상태이다. 그래서 한쪽이 유리할지 또는 불리할지에 대한, 아니면 차이가 없을지에 대한 판단은 섣부르다.

어쨌거나 일단 성취한 인위적인 더위 적응은 어느 정도 지속 가능할까. 인간이 더위에 계속적으로 노출되지 않는다면 적응은 점차적으로 사라진다. 일부 생리적 반응은 더위를 멀리한 바로 며칠 후부터 사라진다고 한다. 그러나 더위에 완전히 적응된 후에 간헐적으로 더위에 인체를 노출시키면, 그 더위 적응은 한동안 유지된다고 한다. 더위 적응에도 천적들이 있다. 적응기간이나 후에, 수면부족이나 질병에의 감염, 알코올 섭취 그리고 탈수와 소금기의 부족 등은 인간의 더위 적응 능력을 잃어버리게 한다고 한다.[50]

만약 더위에 적응한 인체의 기능을 빨리 잃어버리고자 추위를 이용한다면 어떻게 될까. 더위의 반대인 추위에 인체가 노출된다면, 플러스 마이너스 결국 제로섬게임이 되지 않을까 하는 논리다. 그런데 더위와 추위에 대한 인체의 적응기능은 서로 반대급부적인 것이 아닌 별개의 것이다. 춥다고 한 가지 기능이 줄어들고, 다시 덥다고 이 기능이 늘어나는 것이 아니다. 결론적으로, 더위 적응 후에 추위에 노출된다고 더위 적응의 기능이 가속화하여 상실되지는 않는다.

더위와 추위에 반응하는 인체의 기능이 다르다면, 더위와 추위에 동시 적응이 가능할까. 그렇다. 인체는 더위와 추위에 동시 적응이 가능하다.[15] 예를 들어 아침에는 추운 방안에 들어가서 일을 하다가 저녁 때는 더운 방안에서 운동을 한다면 또는 반대로 더위와 추위에 번갈아 노출된다면 더위와 추위에 동시에 적응할 수 있을 것이다.

타 지역이나 외국으로 원정경기를 떠나는 운동선수들은 추위와 더위를 번갈아 가며 경험할 수 있다. 이미 설명하였듯이 동시에 더위와 추위에 적응하였다고 반대 환경에 악영향을 끼치지는 않는다. 더위에 대해 설명하고 있으니 지금까지 설명한 정보를 활용하여 예를 하나 들어보자. 11월이다. 지금으로부터 3주 후에 추운 지역에서 축구시합이 있을 예정이고, 다시 그 시합 1주 후에 더운 지역에서 시합이 있을 예정이다. 어떻게 적응훈련 계획을 짤 것인가. 오늘부터 당장 온도를 올린 실내 구장에서 충분한 수분을 섭취하면서 매일 1시간 이상씩 훈련에 임한다. 3주 뒤의 시합을 끝낸 후에도 계속적으로 더위 적응훈련을 한다.

가끔씩 축구선수가 더운 지역에서 후반전에 체력의 열세로 고전하는 것을 본다. 물론 유럽식이니 남미식이니 하는 축구의 방식 때문에 우리 선수들이 불필요한 체력 소모를 많이 하는 듯이 보이기도 하지만, 이외에도 적응훈련을 충분히 가졌는지에 대한 의문을 항시 품어 본다. 온도에 대한 적응훈련의 효과는 미세해 보이지만 한 골을 다투는 시합에서는 희비를 가를 수 있는 중요한 작전의 일부이다.

지금까지 인위적인 더위 적응에 대해 살펴보았는데, 그렇다면 자연적인 더위 적응(heat acclimatization, 장기간의 더위 적응. 예를 들어 열대지방에서 오래 살아온 사람들의 경우)은 그 생리학적 반응이 인위적 적응과 비교해 차이가 있을까. 그렇다. 상당한 차이를 보인다. 사실 차이를 보이는 이유는 자연적인 더위 적응에 대한 연구결과들이 일관성 있는 생리적 현상으로 관찰되지 않기 때문이고, 사례마다 적응기간에 차이가 있기 때문이다.

한 연구보고서에 의하면 인도 남부의 판디세리(Pondichery)에 사는 인도 사람들은 더위에 적응되지 않은 유럽인들에 비해 심부온이 평균 0.6도 낮았다. 이들은 또한 피부온도도 낮았으며 팔 쪽으로 흐르는 혈류량도 적었다. 재미있는 것은 그럼에도 불구하고 이들이 유럽인들과 같은 양의 땀을 흘렸다는 것이다.[41]

열대지방으로 이주한 사람들은 처음에는 땀을 많이 흘린다. 그러나 수년이 지나면 땀을 흘리는 양이 점차적으로 적어진다고 한다. 땀이 적어지니 땀을 효용성 없이 땅바닥에 떨어뜨려 낭비하는 양도 적다 한다. 그리고 피부를 만져 보면 대체로 건조하다고 한다. 실례로, 일본에서 태어난 일본인이 필리핀에 도착하였는데, 필리핀에서 태어난 일본인들에 비해 새로 도착한 일본인들이 더위를 더욱 짜증스럽게 느꼈다는 것이다. 그리고 필리핀 태생의 일본인은 불필요한 땀을 흘리지 않았다.[25] 더욱 재미있는 것은 필리핀 태생의 일본인이나 열대 아시아인들은 모두가 하나같이 효율적인 땀구멍의 기능을 갖고 있었다. 이것은 유전적인 인종과 무관하게 땀구멍의 형태학적 구조는 같을지라도 기능 면에서는 더위 적응이 땀구멍의 기능을 변화시킨다는 증거로 이해해야 될 것이다.

더위에는 장사가 없다. 특히 더위를 많이 경험하지 못한 사람들에게는 더욱 그러하다. 우리나라 사람과 같이 온화한 지역에 사는 사람들이 열대지방에서 토착민들과 힘 겨루기를 한다는 것은 기본적으로 불리한 환경생리학적 조건을 가지고 있다는 것을 의미한다. 그러나 인위적 더위 적응은 이를 어느 정도 무마시킬 수 있다.

찬물에 빠진 인간

한겨울이면 낚시꾼이나 등산객이 얼음물에 빠지는 사고들이 발생한다. 꼭 겨울철의 얼음물이 아니더라도 낚싯배가 전복되어 한동안 물 속에서 구조를 기다려야 하는 경우도 있다. 설산을 만끽하러 설악산 등반을 갔다가 조난을 당해 살아 내려오지 못한 경우도 많다. 겨울은 우리에게 많은 재미와 아름다움을 선사할지 모르나, 추위는 항시 겨울의 뒷면에서 우리의 생명을 노리고 있다. 체온은 겨울철, 특히 찬물에서 급격하게 떨어질 수 있으며, 이를 계속 방치한다면 항온 동물인 인간은 죽음을 모면할 수 없다.

찬물에서 체온이 떨어지는 속도는 여러 요인에 의해 결정된다. 옷을 얼마나 입었느냐, 체구가 얼마나 크고 체형은 어떻게 생겼나, 술을 먹은 상태인가 그리고 빠진 물의 온도는 어느 정도 되는가 등이 대표적인 예이다. 옷을 입었다면 안 입은 상태에 비해 체온 손실이 적다. 체구가 클수록 체온의 감소가 느리다. 몸의 표면에서 심부까지의 거리가 상대적으로 멀기 때문이고 그만큼 열을 보존하는 '용량'이 크기 때문이다. 또한 피부 밑의 지방이 두꺼울수록 체온을 유지하는 데 유리하다. 지방은 절연기능이 매우 높기 때문이다. 신체에 알코올의 농도가 높다면 피부 근처의 혈관을 확장하는 기능이 활성화되어 결국은 피부를 통한 열의 소모가 많아진다. 따라서 체온의 강하가 빨리 일어난다. 끝으로, 말할 필요도 없이 물이 차면 찰수록 체온의 감소는 급격하게 일어난다.

영화 「타이타닉」에서 5등 항해사 로이가 침몰 후 현장에 다시 돌아와 생존자를 찾고 있는 장면이다. 타이타닉에서 뛰어내린 1,500여 명 사람들은 익사가 아니라 대부분 얼어죽었다고 한다. 사람은 물 속에 빠져 살 수 있는 시간이란 결코 길지 않다.

찬물은 체온 저하에 얼마나 무서운 존재인가. 물은 공기에 비해 열전도가 25배나 빠르다. 이 말은 같은 기온과 수온을 비교하면 이해가 쉽다. 예를 들어 15도의 기온과 수온을 비교해 보자. 기온 15도에서 우리는 선선하다고 느낄지언정 춥다고 느끼지는 않는다. 그러나 15도의 수온에서 우리는 상당한 추위를 느낀다. 상온에서 우리 피부온도가 약 31도에서 33도 사이를 유지한다는 것을 감안할 때 15도의 기온이 추위를 느끼지 못하게 하는 것은 그만큼 공기의 열전도가 적기 때문이다. 그러나 물이라는 매체는 열전도가 빠르기 때문에 약 15도 차이가 나는 피부와 물 사이에 빠른 열교환이 발생하여 체온하강을 부추기는 것이다. 젖은 옷을 입고 있을 때에 빠른 체온하강을 겪는 이유가 바로 물이라는 매체의 탁월한 열전도 능력 때문이다. 가을에 땀을 흘리며 등산을 하다 잠시 휴식을 취하는 동안, 땀에 젖은 속내의가 돌연 한기를 느끼게 하는 원인으로 변하는 이유도 여기 있다.

찬물에서는 체온이 어떻게 떨어질까. 보통 우리는 찬물에 빠지면 곧바로 체온이 떨어지는 것으로 생각한다. 그러나 꼭 그렇지는 않다. 물론 물의 온도에 따라 그 반응이 다르게 나타나기는 하지만 수온이 10도 이상이라면 갑작스럽게 물에 빠진다고 체온이 곧바로 떨어지는 것은 아니다. 처음 최소 5분에서 20분 정도는 심부온이 유지되고 때로는 상승하기까지 한다.

갑작스럽게 찬물에 빠지는데 체온이 상승하는 이유는 과연 무엇일까? 그 이유는 다음과 같다. 먼저 차가운 물이 피부에 닿을 경우 피부의 혈관은 수축하게 된다. 열을 잃어버리지 않기 위해서이다. 동시에 피부 근처에 머물러 있던 혈액이 몸 안쪽으로 이동하면서 체심부로 몰리고, 이렇게 몰린 혈액은 심부온을 증가시키는 것이다. 둘째로 차가운 피부가 우리 중추신경을 통해 추위를 뇌에 전달하게 된다. 몸이 차가워지고 있으니 열을 더 많이 생산하라고. 그리고 이런 정보를 받은 뇌는 떨기와 같은 작전을 통해 열을 더 많이 생산하는 것이다. 이러한 일련

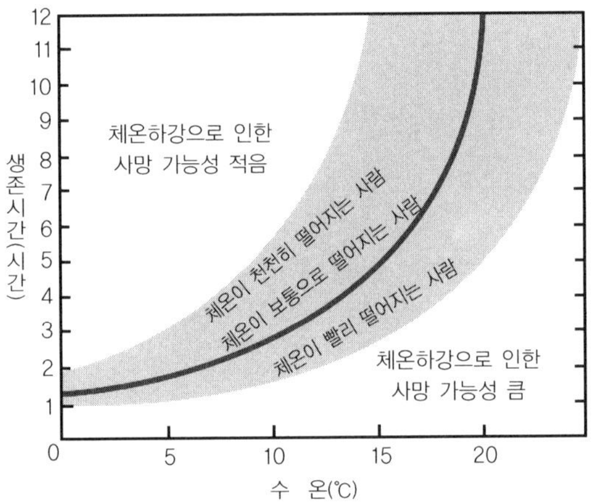

　잔잔한 물에서 가벼운 의복을 착용하고 가만히 움직이지 않고 있을 때 생명을 유지할 수 있는 시간을 나타낸 것이다. 이때 시간은 체온이 30도까지 떨어질 때를 의미한다. 사람마다 다양한 체구와 조건을 가지고 있기 때문에 가운데 굵은 선은 평균 기대치를 나타내고 이를 기준으로 양쪽으로 변화치를 나타내었다. 변화치가 포함한 시간은 성인을 기준으로 할 때 약 95퍼센트의 확률을 확보하고 있다. 만약에 수영과 같은 활동을 물 속에서 한다면 그래프의 선은 아래로 이동할 것이고, 두터운 의복을 착용하였거나 동료끼리 껴안은 자세를 유지하며 열 손실을 방지한다면 그래프의 선은 위로 이동하게 될 것이다. 잠수복이나 그 외의 특수한 복장을 착용했다면 생존시간을 약 2배에서 10배까지 연장시킬 수도 있다. 그래프의 제일 아래쪽인 '사망 거의 확실' 구역에서 구명동의를 착용하지 않은 사람들은 체온하강으로 약 15분 내에 사망할 수도 있다.

의 생리적 작용은 찬물에서도 심부온을 처음 짧은 시간 동안 상승시키는 역할을 한다.

차가운 물에 첨벙 빠지면 인체는 또 다른 반응을 보인다. 바로 과잉호흡(hyperventilation)이다. 과잉호흡이란 글자 그대로 호흡을 필요 이상으로 많이 하는 것이다. 찬물에 빠졌을 때 건강한 인간이라면 과잉호흡 반응을 보이는 것이 극히 정상이다. 예를 들어 볼까? 목욕탕에서 샤워기 손잡이를 찬물 쪽으로 완전히 돌려 물을 틀어 놓고 샤워를 하려 한다. 물이 쏴 하고 뿜어져 나오는데 알몸으로 그 밑에 들어간다. 우리는 어떻게 반응하는가. 갑작스럽게 찬물을 느낌과 동시에 우리는 무의식적으로 어깨를 움츠리며 숨을 짧고 강하게 들이쉰다. 그리고는 한동안 가쁜 숨으로 들이쉬고 내쉰다. 가슴 부위의 근육은 한창 긴장한 상태로. 사실 찬물에 빠진 사람들의 직접적인 익사 원인은 체온하강 그 자체보다는 과잉호흡에 의해서이다. 조절이 힘든 과잉호흡으로 인해 호흡기로 물이 들어와 질식하는 것이다.

호흡이란 우리 몸에 필요한 산소를 공급하고 불필요한 이산화탄소를 몸 밖으로 내보내는 것이 그 주목적이다. 그래서 호흡이 필요 이상으로 과다하면 혈액에 녹아 있는 이산화탄소 농도가 급격하게 준다. 논리적으로는 이산화탄소가 우리 몸에서 많이 빠져 나가니 좋은 것 아닌가 하고 생각하기 쉽다. 그러나 그렇지 않다. 우리 몸에는 약간의 이산화탄소가 잔류하고 있어야 한다. 어쨌거나 과잉호흡으로 혈액 안의 이산화탄소 농도가 격감하게 되면 중추신경은 혈관이 수축하도록 명령

한다. 혈액 안에 이산화탄소의 함량이 너무 많이 줄어든 것을 염려하기 때문이다. 그래서 수축된 혈관은 혈액의 이동을 줄이고, 따라서 산소의 공급도 덩달아 줄어든다. 산소공급의 부족은 체온하강과 함께 인체의 여러 근육들이 적절히 조화롭게 수축 이완하는 기능을 무디게 하고 결국은 인간으로 하여금 의식을 잃게 한다.

찬물에 빠진 경우에 체온을 조금이라도 더 오래 유지하려면 어떻게 해야 하나. 먼저 동작을 멈추고 몸을 웅크리고 제자리에 가만히 떠 있는다. 빨리 빠져 나오려 허둥대거나 헤엄을 치게 되면 체온하강이 오히려 촉진된다. 몸을 움직이면 그만큼 열 손실이 많아지기 때문이다.[48] 목욕탕의 냉탕에 들어가 조용히 앉아 있는데 갑자기 동네 꼬마들이 탕 안으로 들어와 요동을 치면 갑작스레 차갑게 느껴지는 이유가 여기에 있는 것이다. 사람마다 차이가 있기는 하지만 찬물에서 체온은 약 20분 뒤부터 떨어지기 시작한다. 따라서 헤엄을 쳐서 약 20분 내에 뭍으로 나올 수 있다는 확신이 없다면 헤엄쳐 나오려는 시도는 금물이다.

찬물에서 빠져 나오거나 구조하였을 경우, 어떠한 방법으로 처치를 해야 하는가. 상당히 민감한 문제이다. 체온이 떨어졌으니 가능한 한 빨리 몸을 데워야 할 것인가. 아니면 인체에 충격을 적게 주기 위해 서서히 몸을 데워야 하는 것인가.

먼저 인체의 체온하강에 대한 원리부터 짚고 가자. 이미 설명한 바와 같이 추위 속에서 체온은 곧바로 떨어지지 않는다. 그러다가 시간이 지남에 따라 체온은 서서히 떨어지기 시작한다. 그런데 재미있는 현상은 추위로부터 벗어났는데도 체온은 추위 속에서처럼 계속 떨어진다는 것이다. 이를 전문적인 용어로는 '애프터 드롭(after-drop)' 이라고 하는데 글자대로 '후에 떨어진다' 라는 것이다. 구조 후에도 체온이 떨어진다고 해석하는 것이 정확하리라.

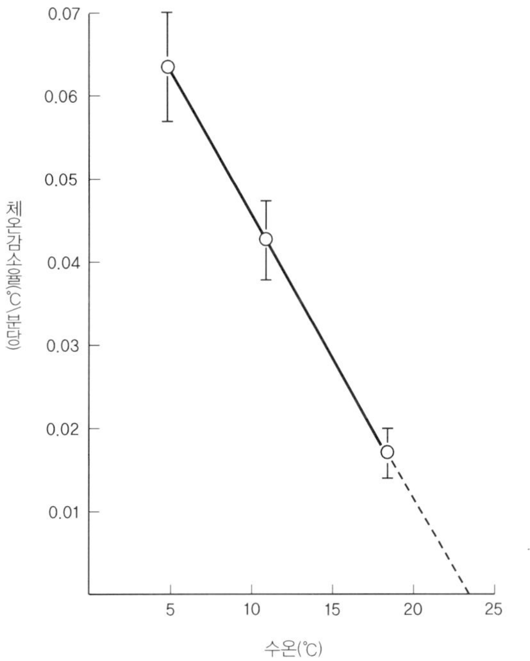

가벼운 옷차림으로 물에 빠져 가만히 몸을 움츠리고 있을 때, 물의 온도와 체온이 떨어지는 속도와의 상관관계를 보여 주는 그래프이다. 수온이 약 15도 이하일 경우에 직장온도는 분당 약 0.03도씩 떨어진다. 이 수온에서는 약 30분 후에 체온 1도 정도가 떨어진다고 보면 된다.

‘애프터 드롭’은 사람마다 그리고 조건에 따라 다르기는 하지만 꽤 오랫동안 지속된다. 특히 염려스러운 것은 떨어지는 속도가 추위 속에서보다 더 빠르다는 것이다. 사실 찬물에서 구조된 대부분의 사람들이 구조 후에 생명을 잃게 되는 경우가 더 많다. 바로 ‘애프터 드롭’ 때문이다. 그럼 ‘애프터 드롭’은 왜 일어날까. 체온생리학자들은 여기에 대한 이유를 크게 세 가지로 보고 있다.

첫째, 피부 근처에 위치한 혈관이 확장하기 때문이라는 것이다.[19] 추위 때문에 수축되어 있던 말초혈관들이 구조 후 따스함을 느낌에 따라 천천히 확장하면, 말초부위의 혈액순환이 증가한다. 말초부위를 순환하던 혈액은 다시 심부로 들어가게 되는데, 이때 심부로 들어가는 혈액이 차가워져 심부온을 더욱 떨어뜨린다는 것이다.

둘째, 물리적인 직접전도에 의하기 때문이라는 것이다.[49] 이 논리를 주장한 학자는 다음과 같은 이유로, 이미 설명한 첫 번째 원인을 반박하고 있다. 그의 반박 논리는 죽은 돼지의 몸체에서도 ‘애프터 드롭’이 나타나며, 반대로 작은 쥐에게서는 ‘애프터 드롭’이 나타나지 않는다는 것을 강조하였다. 죽은 돼지에게서는 혈관확장이 일어나지 않으니 말초혈관확장이 ‘애프터 드롭’의 원인이 되는 것은 아니라는 것이다. 그리고 작은 쥐에게는 혈관확장이 가능하면서도 나타나지 않는 이유는 체구가 작기 때문이라는 것이다.

그래서 그는 다음과 같은 실험으로 자신의 논리를 증명하였다. 그는 큰 덩어리의 젤리를 제작하였다. 그리고 젤리 덩어리의 중심부부터 시작하여 덩어리의 표면까지 네 개의 온도계를 설치하였다. 그리고 젤리 덩어리를 찬물에 담그었더니 가장 표면에 위치한 온도계에서부터 온도가 먼저 떨어지기 시작하였다. 그리고 나서 시간이 지남에 따라 단계별로 중심부를 향해 온도는 떨어져 갔다. 다시 젤리 덩어리를 물 속에서 꺼내었더니 가장 바깥쪽의 온도계는 즉시 온도가 오르기 시작했지만 중간부위와 중심부에 위치한 온도계에서는 온도가 계속적으로 떨어지고 있었다. 열은 인접한 부위로 전도되고, 따라서 가장 바깥쪽이 더워진다 하더라도 안쪽은 계속적으로 차가워지는 것이다. 이러한 실험적 결과는 '애프터 드롭'도 직접전도에 의한 것임을 보이는 증거라고 그는 주장하였다.

셋째, 대사작용에 의한 열 생산이 변형되기 때문이라는 것이다. 인체의 곳곳에 퍼져 있는 온도를 감지하는 감각세포에 의해서 말이다. 예를 들어보자. 평상온도에서는 추위나 더위를 느끼지 않는다. 그러나 한동안 추위 속에 있다가 평상온으로 되돌아오면 상당히 따뜻하다고 느낀다. 마찬가지로 찬물에 빠져 체온이 떨어진 후에 물 밖으로 나오게 되면 따뜻함을 느끼게 된다. 인체는 따뜻하다고 느끼는 순간 추위에서 왕성하던 대사량을 줄이고 만다. 현재의 체온이 어떠함을 무시하고 새로운 환경의 온도에 속는 것과도 같다. 최소한 일시적으로나마 말이다. 이러한 현상이 체온을 계속적으로 떨어뜨리는 원인으로 지적되고 있는 것이다.

이러한 '애프터 드롭'의 원인을 이해하다 보면 사실 체온이 떨어진 사람을 어떻게 처치해 주어야 할지 난감하다. 아는 게 병이라는 말은 바로 이때 쓰도록 만들어졌나 보다. 위에 설명한 첫째 논리를 따르면 몸을 천천히 데워 주어야 할 것이다. 말초혈관확장을 되도록 억제하는 것이 중요하기 때문이다. 둘째 논리에 의하면 가급적 빨리 데워 주어야 할 것이다. 가능한 한 체온이 떨어져 있는 시간을 줄이는 것이 중요하기 때문이다. 그러나 더욱 모르겠는 것은 '애프터 드롭'이 어떤 한 가지에 원인에 의해 지배되는 것이 아니고 세 가지 원리가 복합적으로 작용한다는 점이다. 게다가 체온이 떨어지는 속도와 기간에 따라 '애프터 드롭' 또한 그 기간과 정도가 달라지기 때문이다.

어쨌거나 찬물로부터 사람을 끄집어내면, 먼저 구조된 사람이 떨고 있는가를 살핀다. 인체는 추위를 느낌과 동시에 그리고 추위를 느끼는 한 계속 떤다. 그렇다고 인체가 언제까지나 마냥 떠는 것은 아니고, 일정 체온 이하에서는 더 이상 떨지 않는다. 보통 떨기를 중단하는 시점에서 의식을 함께 잃는다. 인체가 떨기를 중단하면 문제는 심각해진다. 떨기로 열을 생산하지 못해서 외부로부터 열을 받아 체온을 다시 올리는 것만큼 비효율적인 방법은 없다. 그래서 떨기를 관찰함으로써 사태의 심각성을 판단하도록 한다. 다음으로는 빨리 옷을 갈아입히도록 한다. 물의 빠른 열전도 때문에 젖은 옷 위에 마른 담요를 덮는 것은, 젖은 담요를 덮는 것과 거의 같은 효과를 나타낸다. 찬물에 빠졌다 건진 사람은 일단 가능한 모든 수단을 동원하여 데우는 것이 상책이다.

추위가 무섭지 않은 사람들

인류의 근원지가 어디든 간에 최초의 인류에게는 의복이 없었을 것이다. 그 당시 그곳은 밤이라 할지라도 연중 기온이 보통 20도에서 25도를 유지하였으리라. 최초의 그들은 아마도 불이 없었을 것이다. 거처가 뚜렷하게 정해져 있었을 리도 만무하다. 땅위에서 생활하는 다른 모든 항온동물들과 달리 인간은 털이 없다. 어떤 이유에서 털이 없어지게 되었는지는 미궁이지만, 바로 이 때문에 인간은 갖가지 방식을 동원하여 매일 밤 떨어지는 기온에 대응하여야 했을 것이다.

불의 활용과 함께 인류는 밤중에도 영하의 추위가 두렵지 않았을 것이며, 좀더 추운 지역으로도 이동할 수 있었을 게다. 그렇다고 불만으로 열대지방을 벗어날 수는 없었을 것이다. 특히 지구의 양극에 접근하기 위해서는 동물가죽이나 털옷을 착용하고서야 접근이 가능했을 터이다. 효율적인 의복의 제작과 착용은 인간이 추운 지역에서 살아가는 것을 가능하게 하였을 것이고, 심지어는 추위 적응을 위한 생리적 변화마저도 변형시켰을 것이다. 결국 불과 의복과 은신처 그리고 그외 삶의 지혜들은 문명인들로 하여금 추위에 적응할 수 있는 능력을 앗아 갔을 것이다.

과연 인류의 조상들은 어떻게 현재의 지구환경에 적응하여 왔을까? 불행히도 이제는 과거 인류의 참된 생활상에 대해 알아볼 기회를 거의 잃어버린 것 같다. 잊혀진 세계는 거의 사라졌기 때문이다. 자연환경에 거의 무방비로 적응하는 종족은 존재하지 않는 것이다. 제2차 세계대전이 끝나는 무렵까지만 해도 신문명에 영향을 받지 않은 부족들이 상당수 있었음에 확실하다. 과학자들은 이러한 부족들의 환경적응을 연구하여 기록하였으며 여기에 그 대표적인 사례를 몇 소개하고자 한다.

인간의 추위 적응에 관한 대표적 사례연구는 호주의 원주민 아보리지니(Arborigine)에 대한 연구이다. 1930년대 세드릭 힉스(Cedric Hicks)라는 호주의 한 학자는 호주의 내륙 사막지대에 사는 원주민들이 자연환경에 어떻게 적응하는가에 관심을 가졌다. 당시 호주 원주민들의 주 생활무대는 문명지역에서 상당히 멀리 떨어져 있었고, 문명지역에 가깝게 살았던 원주민들조차도 대륙의 중앙에 위치한 아델레이드(Adelaide)에서 약 1,600~2,200킬로미터 떨어진 곳에서 나체로 유목생활을 하고 있었다. 그리고 그나마도 그들이 어디쯤을 떠돌아다니는가를 찾기란 더욱더 어려웠다. 그때까지만 해도 부족 간의 살상이나 백인들에 대한 살해마저 잦았다 한다.

록펠러(Rockefeller)재단이 연구비를 보조하여 인류학적 측면에서 원주민에 대한 탐사는 시작이 되었다. 문명의 이기를 전혀 받지 못한 원주민들과 백인들의 만남이었고 통역관의 통역도 제한적이었지만, 원주민들은 연구과정에 적극적으로 협조하였던 것으로 기록된다. 그러나 원주민들의 기분을 상하게 하지 않으면서도 연구의 목적을 성취하기 위해서는 다음과 같은 세 가지에 주의하여야 했다.

먼저 이 실험이 그들의 가슴을 강하고 튼튼하게 해준다고 유도하여야 했다. 둘째로는 이 실험이 남자에게만 국한된다는 것이 강조되었다. 이는 원주민들이 남자에게만 해당되는 토테미즘 (totemism)을 숭배하기 때문이었다. 셋째로는 그들의 직장온도를 측정하지 않겠다는 다짐을 해야 했다. 직장으로 온도계를 삽입하는 행위가 그들에게는 공격적인 행위로 여겨졌기 때문이다.

연구는 겨울인 8월에 진행되었는데 이때가 선택된 이유는, 먼저 이 계절에 일교차가 가장 커서 그늘진 곳에서는 영하 4도에서 37도까지의 일교차가 나타나기도 했기 때문이다. 둘째로 이때가 건기라는 점이다. 비가 오는 날에는 연구진에게 전달되어야 할 모든 물자들이 한동안 중단되어 연구에 막대한 지장을 초래하기 때문이다.

남자들은 어린이와 여자들과 격리되어 잠을 잤다. 잠자리는 약간의 웅덩이가 파진 맨 땅바닥이었다. 다리 쪽으로는 불을 지펴 놓고 머리 위쪽에는 바람을 막기 위해 낮은 잡목으로 바람벽을 만들어 놓았다. 언뜻 보기에는 가장 원시적이면서도 비효율적인 잠자리 같아 보였지만, 그럼에도 불구하고 이들은 이러한 조건에서 마치 문명인들이 얇은 담요를 덮고 잘 때 느끼는 편안함을 느끼고 있었다. 한 예로 그들은 기온이 영하로 떨어지는 한겨울 밤에도 때로는 땀을 흘리며 잠을 자곤 하였다 한다.

이때 한쪽 편에서는 추위 적응이 되지 않은 백인들이 잠을 청하였다. 백인들은 얼마의 시간이 경과되기도 전에 떨기 시작하였고, 이러한 행위는 떨지 않을 때보다 약 30퍼센트 이상 대사량을 상승시켰다. 이에 비해 원주민들은 신진대사의 상승이 전혀 보이지 않았고, 동시에 자신의 체온을 떨어뜨렸다.[17] 체온을 낮추고 추위에 적응하는 것이었다. 인간이 추위에 적응하는 한 가지 생리적 작전이다.

원주민들은 잠을 잘 때 피부온도가 27~28도 정도로 떨어짐에도 불구하고 이를 편한 온도로 느꼈다. 특히 발 온도는 12~15도까지 떨어지기도 했다. 인간의 평균 피부온도가 31도에서 33도임을 감안할 때 약 5도 이상의 피부온도 감소란 상당한 차이임에는 틀림없었다. 이를 뒷받침이라도 하듯 원주민들은 월등한 피부 혈관축소 능력을 가지고 있었다. 월등한 피부 혈관축소 능력은 필요에 따라 피부의 일정 부분에 혈액을 공급하지 않기 때문에 열을 보존하는 데 효율적이다. 원주민들은 특히 몸통에서 양팔로 흐르는 혈액의 양을 조절하는 능력이 뛰어나 열의 발산을 원천적으로 막을 수 있었던 것이다. 한 예로 밤새 지펴 놓은 불의 화력이 좋거나 바람이 적은 밤에는 불을 쬐는 부위의 피부온도를 따뜻하게 그리고 불이 좋지 않거나 바람이 잦은 밤에는 피부의 온도를 낮춰 부분별로 열의 발산을 막을 수 있는 능력이 탁월하였던 것이

다.[18]

　　호주 원주민에 대한 생리학적 연구는 전쟁의 발발과 함께 1937년
에 막을 내렸다. 전쟁으로 엘리스 스프링스(Alice Springs)에서 다윈
(Darwin)까지 군사도로가 연결되고 곧이어 군사들의 이동이 시작되면
서 유랑생활을 하는 원주민들은 자취를 감추고 말았던 것이다. 유도탄
과 핵폭탄의 실험장이 호주대륙의 중앙부에 설치되면서 부족 단위로서
의 원주민들과 함께 그들만이 가지고 있던 오랜 전통양식은 사라지고
말았다.

　　추운 환경에서 오래 살아온 인류의 한 부류는 바로 에스키모가 아
닐까. 많은 에스키모 부족들 중에도 스칸디나비아 반도 최북단, 북극으
로부터 약 160킬로미터 정도 떨어진 핀마크(Finnmark) 고원의 코토카
이노(Kautokeino) 마을에 사는 랩(Lapp)이 연구대상으로 자주 관찰되
었다. 이들의 주된 생업은 가축을 치거나 사냥을 다니는 것이었다.

　　먼저 이들 에스키모인들의 특징은 체구가 작고 체중당 열량이 높
다는 사실이다. 이들은 추위 적응이 되지 않은 이방인들에 비해 웬만한
추위는 떨지 않고도 견딜 수 있으며 체온도 백인들에 비해 높았다.[3] 이
들은 또한 백인들이 추위에 견디지 못해 잠을 못 이루는 밤에도, 호주
대륙의 원주민들과 유사하게 전혀 불편 없이 잠을 잘 잤다. 이들은 또
한 피부온도와 심부온도를 모두 높게 유지하는 데 별 문제가 없었다.
추위에 대응하여 체온을 올릴 수 있는 것이었다.

　　다른 에스키모 종족으로 캐나다 유콘(Yukon) 지역의 올드 크로

　에스키모인들은 추위에 대한 탁월한 적응능력을 가지고 있다. 물론 그들이 의복의 도움 없이 다른 극지의 동물들과 같은 능력을 가지고 있는 것은 아닐지라도 극지에 적응되지 않은 인간에 비해서는 우수하다. 그들의 식생활에도 그러한 적응의 원인이 있는 것 같기도 하다. 다량의 육식과 기름진 음식은 대사열을 발생시키는 데 필요한 에너지원으로 사용되기에 충분하고 힘든 노동을 이기는 열량을 공급하는 데도 유리하다.

(Old Crow)에 사는 북극 인디언은 또 다른 유형의 적응을 보였다. 이들 부족은 대부분의 겨울을 사냥감이나 땔감을 찾기 위해 먼 거리를 유랑하거나 이동하면서 지낸다. 자연스럽게 수일 동안 마을을 떠나 생활해야 하는 것은 당연하게 여겨졌다. 그들은 무스(moose, 북극의 큰 사슴)의 가죽으로 만든 장갑과 모카신(moccasins, 북아메리카 원주민의 뒤축 없는 신)을 제외하고는 대부분의 의복이 가죽에 비해 단열효과가 적은 울과 면으로 되어 있었다.

이 지역의 겨울은 잔혹하다. 연속 몇 주 동안 영하 17도 이하로 떨어지고 때때로 영하 45도나 영하 51도로 떨어지는 경우도 있다. 모진 바람과 폭설도 잦다. 그럼에도 불구하고 이들의 추위에 대한 생리학적 반응은 문명인과 차이를 보이지 않았다. 아마도 그들이 입고 있는 의복 속의 체온은 온화한 기후에서 사는 사람들의 온도와 거의 비슷할 것이라는 것이 대부분 과학자들의 해석이다. 따라서 추위에 대한 자극이 거의 없었을 것으로 이해되는 것이다.

어떤 이유에서든 간에 에스키모인들은 기본적으로 다른 인종에 비하여 높은 대사량을 가지고 있다. 에스키모의 대사량은 종족의 오래된 추위 적응으로 인해 유럽인의 대사량보다 적게는 약 10퍼센트 그리고 많게는 약 50퍼센트 이상 높다. 그러나 북극의 찬 공기가 노출된 신체 부위로부터 앗아 가는 열은 10~50퍼센트의 대사량 증가를 무색하게 한다. 사실 에스키모들이 체온 유지를 위해 얻는 열의 약 1~5퍼센트 정도만이 대사량의 증가에 의한 것이고, 나머지 95~99퍼센트의 체

온 유지는 의복으로부터 얻는다. 에스키모인들의 특징적인 추위 적응
은 그들의 생활을 위한 기술이 상당히 효율적이라는 것이다. 어떻게 보
면 불의 이용과 이글루(igloo)의 사용 그리고 동물의 털을 유용하게 사
용하는 기술은 그들에게서 추위 적응을 충분히 할 수 없게 하는 원인으
로 작용하였을지도 모른다.

백인들에 비해 에스키모인이 추위에 대응하여 대사량의 증가를
보이는 것은 또 하나의 그들만의 특수성을 생각하게 한다. 바로 그들의
식생활의 차이점이다. 그들은 대부분의 전통적 식사를 육류로 조달한
다. 짧은 봄과 여름으로 인해 그들은 농작물을 경작할 수 없었고 항시
식량의 조달을 순록(reindeer)이나 물고기 그리고 그외의 짐승에 의존
할 수밖에 없었다. 열량이 풍부한 육식은 그들로 하여금 대사량을 증진
시킬 수 있는 여분의 에너지를 제공하는 데 충분하였으리라.[42]

인체가 추위에 적응하는 데는 이렇게 여러 유형이 있다. 아보리지
니들에서 보듯이 체온을 낮출 수도 있고 에스키모들과 같이 대사량을
올려 적응할 수도 있다. 그리고 우리나라의 해녀들에게서 보듯이(다음
글에서 설명될 것임) 단열의 기능을 높여 열의 손실을 적게 하며 적응할
수도 있다. 그러나 이러한 다른 유형의 적응들은 체형, 식사습관, 추위
의 강도 등 여러 가지 조건들에 의해 결정되며 때로는 이런 유형이 한
개인에게서 복합적으로 나타나기도 한다. 현재로서 현대인은 추위에
진실되게 적응할 이유도, 적응할 수도 없을 것이다. 그러나 인간은 추
위에 적응할 수 있고 적응에 따라 추위가 편안하게 느껴질 수 있다.

물개를
닮은
해녀들

외국의 경우뿐 아니라 우리나라에도 추위 적응을 잘 보이는, 아주 잘 보이는 부류가 있다. 바로 세계적으로도 독보적인 해녀들이다. 체온생리학을 공부한다고 해 놓고 우리나라의 해녀에 대해 모른다면 그 사람은 분명 가짜다. 물론 일본에서도 '아마'라고 불리는 해녀가 있기는 하지만 그들보다는 우리나라의 해녀들이 더욱 진기한 추위 적응(cold acclimatization, 장기간의 추위 적응)을 보인다.

해녀들은 우리나라의 남해안과 동해안 그리고 제주도에 산재하고 있다. 우리나라의 해녀들은 여인네들에게만 한정되어 있는데 과거에는 남녀 모두 물질을 하였던 것으로 기록되고 있다. 그러나 왜 언제 남자들이 물질에서 손을 놓았는지는 알 길이 없다. 여하튼 해녀는 아주 어릴 때부터 시작하는 것으로 알려져 있는데 열 살이 넘으면서 물 속에 들어가 잠수를 배우기 시작하여 십대 후반에 전문적이고 직업적인 해녀가 된다 한다. 그들은 평생을 통해 물질을 하며 환갑이 넘어도 체력이 뒷받침되는 한도 내에서는 지속적으로 매일 잠수를 한다.

해녀들이 세계적으로도 독보적인 이유는 그들이 체온 유지를 위해 기온과 수온의 큰 교차를 견뎌야 하기 때문이다. 예를 들어 부산지역의 한여름 평균기온은 28도이고 한겨울 평균기온은 1도이다. 계절에 따라 수온도 변하는데 한여름에는 25도를, 한겨울에는 10도를 유지한다. 그런데 이러한 계절에 따른 기온과 수온의 차이가 존재하는데도 과거 우리나라의 해녀들은 면으로 된 잠수복만을 착용하고 계절에 관계없이 잠수를 하여 왔던 것이다.

보통 해녀들은 물 밖에서 숨을 고른 후에 숨을 멈추고 한 번에 약 30초 정도 지속하는 잠수를 한다. 평균 약 5∼6미터 깊이를 잠수하여 바닥에서 약 15초 정도를 머문다. 잠수를 끝내고 물위로 떠오르면 자신의 부표를 잡고 약 30초 정도의 휴식을 취한다. 그래서 평균 1분에 한 번 꼴로 잠수를 하여 한 시간이면 약 60번의 잠수를 한다.

우리나라 해녀들의 추위 적응을 본격적으로 연구하기 시작한 것은 1960년대 초 세브란스병원의 홍석기 박사 팀에 의해서이다.[20] 처음에는 잠수의 기능과 호흡, 잠수로 인한 서맥에 관심을 두었던 이들 연구진은 그러나 곧 해녀들로부터 더욱 흥미로운 점을 발견하게 되었다. 그것은 해녀들이 면으로 된 옷만을 입고도 계절에 따른 수온의 변화와 상관없이 물질을 한다는 사실이었다. 여름에는 1시간 정도 오전 오후에 나누어서 두 번의 물질을 하거나 한 번에 두 시간 정도의 물질을 하였다. 이에 반해 겨울에는 15분 정도로 하루에 한 번 정도만을 했다.

먼저 물질을 하기 전과 후에 구강온도를 측정하여 보았더니 계절에 따라 물질을 하는 시간에는 온도 차이가 있었으나 물질을 끝내는 시점에는 계절에 상관없이 일정한 유형을 보였다. 신기한 것은 물질을 하는 해녀들의 구강온도가 34도에 이르면 또는 직장온도가 34.8도에 이르면 그들은 어떠한 신호나 계측기 없이도 그리고 누가 뭐라고 하지 않는데도 자동적으로 물에서 뭍으로 나오는 것이었다. 필자가 일하던 미국육군환경의학연구소에서도 병사들을 찬물에 넣고 실험하는 경우에 체온이 35도 이하로 떨어지게 되면 실험을 중단하도록 규정이 되어 있었다. 해녀들이 무의식중에 바다에서 육지로 나오는 체온이 35도쯤이라는 사실에 기인하여 미군들이 이러한 규정을 만들어 놓은 것이다.

뭍으로 나온 해녀들은 거의 모두 추위에 떨며 바닷가 옆에 지펴 놓은 불로 즉시 다가가 몸을 녹인다. 봄이나 여름에 몸을 녹이는 데는 보통 한두 시간이 소요되는데 다시 물질을 하러 들어갈 때 해녀들의 체온은 약 37도 또는 그 이상이 되어야 시작한다. 결국 해녀들이 찬물에 들어가는 시간 그리고 빈도수는 수온에 절대적으로 지배를 받으며 일정한 체온 이하로 떨어뜨리지 않는 한도 내에서 물질을 하는 것이다.

그러면 과연 해녀들은 어떻게 찬물에서 그렇게 오랜 시간 물질할 수 있었을까. 체온을 떨어뜨리면서까지도 물질을 할 수 있는 강한 체력을 어떻게 유지할 수 있었을까? 사실 찬물에서 한동안 견디기란 절대 쉬운 것이 아니다. 해녀들은 찬물에 들어가면서 신진대사를 활발히 일으켜 열을 생산하기도 하지만 찬물에 열을 빼앗기는 것에 비하면 턱없

라운드(Round) 섬의 태평양 해마(Walrus)이다. 해마는 차가운 극지의 물 속에서 수시간을 돌아다니는데, 그 과정에서 털 없는 표피에서의 열 손실을 막기 위해 피부에 가까운 혈관들을 수축시킨다. 물 속에서 바로 나온 해마는 흰색을 띠며, 반대로 한동안 물 밖에서 일광욕을 즐긴 해마는 황토색을 띤다. 혈액순환의 정도를 잘 보여 주는 그들만의 독특한 생리적인 추위 적응 현상이다. 재미있는 것은 이렇게 극지의 동물에게서만 보이는 현상이 한국의 해녀에게서도 나타나고 있다는 것이다. 사계절을 통해 항상 물질을 하는 해녀들은 찬물에 적응된 물개와 같이 피부에서 단열하는 기능이 우수하다.

이 모자라는 열 생산이다. 그럼에도 불구하고 매일 계속되는 물질을 감당할 수 있는 이유는 그들이 다른 일반 여성들에 비해 월등히 높은 칼로리를 섭취한다는 사실이다. 그리고 섭취하는 음식만으로도 체중이나 체지방을 일정하게 유지하는 데 충분하다는 것이다.

우리나라의 해녀들이 추위에서도 체중을 유지하는 것은 참으로 재미있는 현상이다. 일본의 해녀들만 해도 물질이 끝나 가는 시즌 말에는(그들은 여름 한철에만 물질을 한다) 체중이 5킬로그램 정도 감소하는 데 비해 보면 말이다. 더군다나 아무리 좋은 장비를 갖추고 출발한다 하더라도 남극이나 북극지방을 탐험하고 나면 대원들의 체중이 탐험 이전에 비해 급격히 감소하는 현상이 늘 관찰되는 것에 견주어 보면 말이다. 단순히 충분한 음식 섭취로만 체중의 유지가 가능할까 하는 것은 참으로 재미있는, 앞으로 연구해 봄직한 분야가 아닌가 싶다.

그러나 누가 뭐래도 해녀에게서 나타나는 가장 독특한 생리학적인 추위 적응 현상은 바로 단열 효율성이다. 호주의 원주민에게서도 나타나는 현상인데 인체의 단열층인 지방의 두께가 일정할 경우 추위 적응이 되지 않은 사람들에 비해 두 배 이상의 단열효과를 보이는 것이다. 이러한 효율적인 단열효과는 사람보다는 추위 적응이 잘된 동물들에게서 더욱 잘 나타나는 현상이다. 북극에 사는 바다사자는 빙점 이하로 떨어지는 물 속에서 물위로 나오는 시점에는 온 몸이 하얗게 변하여 있다가 햇볕을 쪼이다 보면 황토색으로 피부색이 변한다. 찬물에 바다사자들이 체온을 빼앗기고 또 반대로 이를 방지하기 위해 피부로 혈액을 보내지 않기 때문이다. 햇볕에 의해 열을 받고 또한 체온을 올리는 육지 위에서는 피부에 혈액순환이 왕성하여 피부색이 변하는 것이다. 이와 마찬가지로 해녀들도 추위 적응으로 인하여 일종의 단열 기능을 발달시키는 것이다. 마치 추위 적응이 잘된 동물들에게서만 보이는 현상을 말이다.

해녀들은 또한 역류열교환(counter-current heat exchange)의 기능이 발달되어 있다. 역류열교환이라는 것은 동맥과 정맥 사이에서 물리적으로 열을 교환한다는 뜻이다. 동맥을 통과하는 따스한 혈액이 근접해 있는 정맥을 통과하는 차가워진 혈액에 열을 준다는 것이다. 이러한 기능은 열을 조금이라도 더 보존하리라는 생명체의 첨단적인 기능이라 하겠다. 어차피 신체의 말단부에 이르러 손실이 될 동맥류의 열을 신체의 내부로 유입하는 정맥류에 미리 전해 주는 것이다. 이로써 말단부에서의 열의 발산을 줄이고 내부로 흐르는 혈류를 따스하게 함으로써 일석이조의 효과를 얻을 수 있는 것이다. 그러나 면으로 된 옷을 입고 잠수하던 옛 해녀들과는 달리 잠수복을 입고 물질하는 현대 해녀들에게는 이런 메커니즘이 소멸되어 나타나지 않고 있다.

전통적으로 해녀들은 단지 면으로 된 옷을 입고 물질을 하였다. 그러다 고무 잠수복을 도입하면서 과거에 이들에게서 관찰되던 추위 적응 능력은 감소되기 시작한다. 예를 들어 잠수복을 사용한 이후의 해녀들에게서 역류열교환의 기능은 더 이상 보이지 않는 것이다.[38] 잠수복의 사용은 그러나 물질하는 시간을 길게 하는 데 이바지하였고 궁극적으로는 생산성의 향상과 경제적인 보상을 가져다 주었다. 현재 잠수복을 이용하여 물질을 하는 해녀들은 잦은 두통을 호소하고 있다. 정확히 그 이유에 대해서는 알려진 바가 없지만 물질의 시간이나 잠수의 빈도수가 증가함에 따라 체온이 떨어져 있는 시간이 오래 지속되는 데 기인하지 않나 생각된다.

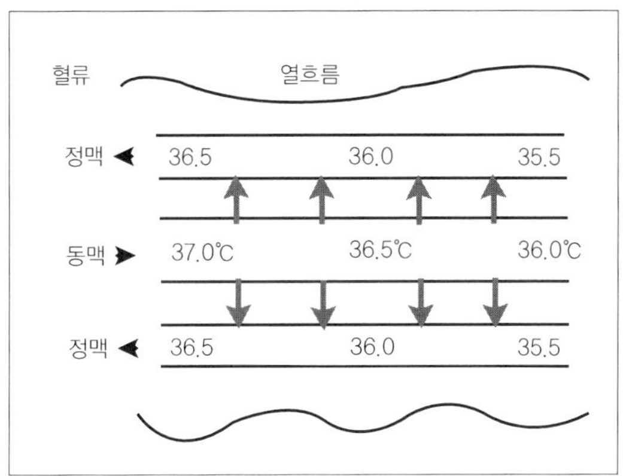

역류열교환

가운데 위치한 동맥류는 왼쪽에서 오른쪽으로 그리고 동맥을 사이에 두고 위아래에 위치한 정맥은 오른쪽에서 왼쪽으로 흐른다. 동맥류는 흐르는 과정에서 인근에 위치한 정맥에 열을 전달하고, 정맥류는 이 열을 받아 데워진다. 이 물리적 작용은 추위에서 열을 보존하고자 하는 동물에게 나타나는 현상으로, 동맥류는 말초 부위로 갈수록 차가워지고 정맥류는 심부로 갈수록 따뜻해진다.

손가락의 자동 온도 조절

현재 학계에서는 동상의 예방이 가능하다고 생각하고 있을까? 그렇지 않다. 우리가 간간이 극지 탐험을 소개하는 텔레비전 다큐멘터리에서 보듯이 동상은 아직도 극복할 수 없다. 어쩌면 혹독한 추위의 도전에 인간의 생리가 완벽하게 자신을 방어할 수 없는 한계일지도 모른다. 단적으로 추위에는 장사가 없기 때문이다. 사실 추위를 극복한다는 것이 쉬운 일은 아니다. 영하 수십 도를 오르내리는 환경에서 인체의 70퍼센트 이상을 구성하는 물이 얼지 않고 온전하게 유지된다는 것은 쉽지 않기 때문이다. 그렇다고 우리 몸 안에 부동액을 넣을 수도 없는 문제 아닌가.

그렇다. 우리는 추위를 완전히 극복할 수는 없을 것이다. 그러나 추위로 인한 부상을 최소한으로 줄일 수 있지 않을까. 그러기 위해서는 우리 인체가 얼마만한 추위에 어떠한 부상을 입는가를 알아보는 것이 선행되어야겠다. 동상은 추위 속에서 발생한다. 습도가 높거나 낮거나와 무관하게 말이다. 습한 추위에서 걸리는 동상(trench foot)은 찬물 속에 발을 오래 담그고 있거나 젖은 양말을 신은 채로 추위에 노출되었을 때 발생한다. 건조한 추위에 의한 동상(frostbite)은 습기와는 무관하게 추위 그 자체로만 발생하는 동상인데 우리가 말하는 대부분의 동상이 바로 이것을 의미한다.

동상에 대한 역사적인 기록은 많다. 제1차세계대전 당시 1914년과 1915년 두 해 동안 영국군에게는 약 115,000명의 동상환자가 발생하였

동상이 추운 겨울에만 발생하는 것이라고 생각하면 큰 오산이다. 얼었던 땅이 녹는 초봄이나, 가을비와 함께 일교차가 심한 계절에도 동상은 발생한다. 이때는 주로 습기가 주원인으로 꼽히는데, 젖은 양말이나 의복이 신체의 일부를 서서히 얼게 한다. 특히 전쟁터에서나 훈련 중인 많은 병사들을 지휘하는 지휘관은 이러한 점을 가볍게 넘겨서는 안 될 것이다.

인체 부위 중에서 추위에 노출되면 우선적으로 동상의 위험성을 안고 있는 곳이 몇 군데 있다. 추위에서 감싸기 힘든 코와 뺨 그리고 표면적이 넓은 손가락, 발가락, 귀가 그 대표적인 부위이다. 그런데 이 부위가 수동적으로 추위에 당하고 있지만은 않는다. 그들도 인간의 의도적인 의지와는 무관하게 나름대로의 보호 기능을 가지고 있다. 추위 속에서도 이 신체 각 부위는 주기적으로 차가워졌다 따뜻해졌다가를 반복하는 것이다. 그렇게 함으로써 조직이 손상되는 것을 한동안은 방지하는 것이다. 인체의 추위에 대한 반응은 참으로 흥미롭기 이를 데 없다.

으며 전군의 약 27~33퍼센트가 추위와 동상에 시달려야 했다. 프랑스군은 약 8만 명 그리고 이탈리아군은 약 38,000명의 동상환자가 발생하였다. 제2차세계대전에서도 전장에 파병된 전 미군의 약 10퍼센트인 9만 명이 추위로 인한 부상에 시달렸다. 러시아 전선에 파병된 독일 병사들 중 약 10만 명이 추위로 인한 부상을 겪었고, 전 병사의 약 10퍼센트에 해당하는 15,000명의 병사가 다리나 팔을 절단해야만 했다. 한국전쟁에서도 이러한 추세는 계속 이어졌다. 한반도에 파병된 군대의 약 10퍼센트인 9천 명의 병사가 추위에 시달려야 했다.

동상은 주로 전쟁과 같이 개개인의 안녕을 챙길 수 없는 많은 인력이 동원되는 상황에서 주로 일어난다. 그런데 문제는 어떠한 상황에서 자주 발생한다는 통계보다는, 과연 동상에 걸리는 데 특별한 유형이 있는가 하는 것이다. 동상에 걸리기 쉬운 사람이 따로 있을까? 반대로 동상에 쉽게 걸리지 않는 사람을 따로 구별할 수 있을까?

몇 가지 방법이 없지 않다. 먼저 손이 큰 사람이 유리할 수 있다. 동상이란 가장 바깥쪽 피부에서부터 시작하여 안쪽으로 점차 이동하며 조직이 얼어 가는 현상이다. 따라서 손이 크다면 그만큼 피부에서 조직 속까지 이동하는 시간이 오래 걸릴 것이다. 둘째로는 손에 혈액순환이 적절히 유지되는 사람들이다. 추위에서의 혈액순환에 대해 이해를 돕고자 여기서 한 가지 생리적인 현상을 소개하고자 한다.

상식적으로 우리는 차가운 공기나 찬물 속에 노출된 인체 부위가 그저 수동적으로 차갑게 유지되리라고 생각한다. 그러나 추위 속에서 인간은 단순히 차가운 온도를 유지하지만은 않는다. 예를 들어 손과 발, 코, 귀와 같이 인체의 표면에서 약간씩 돌출한 말초부위는 추위 속에서 온도가 차가워졌다가 따뜻해졌다가를 반복하게 된다.

그 현상은 다음과 같다. 인체가 추위를 느끼면 곧바로 체온을 보호하고자 하는 반사작용에 의해 말초혈관이 수축된다. 그러나 추위에 의해 수축된 혈관은 짧게는 5분, 길게는 약 20분 내에 다시 확장된다. 특히 이 현상은 신체 말초부위에서 더욱 두드러지게 나타난다. 혈관수축으로 인해 중단되었던 혈액순환이 혈관확장으로 다시 원활히 그 공급을 재개하는 것이다. 그리고는 한동안 유지되는 혈관확장은 다시 수축하게 되고 그후 확장과 축소를 주기적으로 반복하게 된다. 이러한 현상을 '헌팅 리액션(hunting reaction)' 또는 '추위에 의한 혈관확장(cold-induced vasodilation)'이라고 하는데, 우리 신체가 추위에 대응하여 손발을 보호하려는 아주 신기한 방어현상이다. 신체 말단부가 계속적으로 차가워진다면 결국 동상에 걸리게 되는데, 간헐적으로 따뜻한 혈액을 공급하여 말초부위를 데워 줌으로써 동상을 예방한다는 것이다.[27] 특히 손과 발 같은 말초부위에서 '헌팅 리액션'이 더욱 두드러지는 이유는, 이 부위의 체표면적이 넓어 열 손실이 많고 그래서 빨리 차가워지기 때문이다.

동상을 예방할 수 있는 차원이라면 헌팅 리액션은 추위 속에서 자주 그리고 높게 나타나는 것이 유리할 것이다. 더 따뜻하게 더 자주 일어난다는 것은 그만큼 말초부위가 차가운 상태에 덜 놓이게 된다는 뜻

　최근에는 의복의 발달과 전쟁무기의 발달 그리고 전투형태의 변화로 전통적인 의미
에서의 병사들의 전투능력이 새로운 각도로 평가되기도 한다. 그러나 병사들의 기후
적응은 아직도 병사들의 육체적 전투능력을 결정짓는 중요한 요소이다. 이 사진은 제
2차세계대전 중에 일본군이 알래스카를 침공한 기록사진이다. 병사들은 언제 어디에
라도 투입되어야 하며 그러기 위해서는 항시 새로운 환경에 적응이 가능하도록 하는
지침과 훈련방법을 익히 습득하고 있어야 할 것이다. 특히 동상과 같이 짧은 시간 안
에 발생할 수 있는 부상의 방지는 적응과 훈련만으로 예방이 가능하다.

이다. 그러나 헌팅 리액션에도 '자주'와 '높게'를 변화시킬 수 있는 요인은 있다. 만약 음식을 섭취한 직후처럼 체온이 오른 상태에서는 헌팅 리액션도 높아진다. 손가락의 온도가 식전에와 비교해서 높아진다는 것이다. 양반이 배부르고 돈이 많으니, 하인들도 배부른 것과 같다. 우리의 몸통이 따뜻하면 그만큼 신체 말단부위에 열을 나눠 줄 수 있는 여분이 많은 것이다.

추위 적응이 잘된 사람들은 또한 헌팅 리액션이 자주 높게 나타난다. 추위에 대한 적응력이 좋아 동상을 방지할 수 있는 기능 또한 발달한다는 것이다. 노르웨이의 어부들은 잡아 온 생선을 부두에서 맨손으로 손질하는데, 스칸디나비아 반도의 찬물과 매서운 바람이 그들의 손을 보통 사람은 견디기 힘든 정도로 시리게 한다고 한다. 연구결과에 따르면 그들의 이러한 생활습성이 헌팅 리액션을 높인다는 것이다.[24] 이와 비슷하게 에스키모인들에게서도 헌팅 리액션은 높게 나타난다.[13]

그러나 한편으로는 헌팅 리액션의 극대화가 추위에서 체온을 보존한다는 차원에서는 불리할 수도 있다. 다시 말해서, 조금이라도 아껴야 하는 신체의 열을 왜 말단부위를 통해 발산하느냐 하는 것이다. 사실 우리나라의 해녀들에게서는 헌팅 리액션이 추위 적응이 되지 않은 부류의 사람들에 비해 낮게 나타나고 있다.[34] 열의 방출을 조금이라도 더 아낀다는 신체의 반응인 것이다. 이처럼 헌팅 리액션은 동상 예방에는 일익을 담당한다고 해석되기는 하지만 체온 발산을 방치한다는 면에서는 부정적으로 보일 수도 있다. 어쨌든 헌팅 리액션이 크게 나타나는 이들은 추위에 강하게 대응할 수 있다고 여겨진다.

헌팅 리액션은 인간이라면 누구에게나 나타나는 현상이다. 물론 그 증폭에는 차이가 있을지라도 말이다. 우리는 겨울에 스키나 스케이트장에서도 이 현상을 경험하곤 한다. 장갑을 끼고 있어도 손가락이 차가워지는 것을 느끼다가도 어느 순간 갑자기 자신도 모르게 손과 발이 따뜻해져 있음을 느낀다. 주로 식사 후나, 잠시 휴식을 취하는 동안 따뜻한 간식을 섭취한 후 이 현상이 두드러진다. 섭취한 음식이 우리 몸속에서 분해되면서 열을 발생하여 그 열이 손과 발에까지 이르기 때문이다.

겨울철 여가선용을 위한 시설에서는 동상이 걸릴 리 만무하다. 특히 요즘은 의복의 발달로 장갑이 몸을 보호할 수 있느냐 하는 것보다 패션에 더욱 신경을 곤두세울 정도이니 말이다. 그러나 차가운 손발로 인해 우리는 여가시간이 꽤 괴롭게 느껴졌을 때가 한두 번이 아니었을 게다. 동상의 방지라는 차원이라기보다는 즐거움의 만끽을 위해 스키장이나 야외 스케이트장과 같은 곳에서는 자주 따뜻한 음식을 먹어 주는 것이 좋다. 헌팅 리액션을 자주 그리고 높게 만들 필요가 있기 때문이다. 그리고 손발이 데워졌다고 훌렁훌렁 장갑을 벗어 던지는 것은 현명한 일이 아니다. 금세 손가락의 온도가 떨어질 테니까.

춥다고?
난
더운데!

차를 타고 시내를 돌아다니다 보면 앞쪽 저만치 큰 빌딩의 꼭대기에는 어김없이 커다란 전광판이 보인다. 뉴스를 알리기도 하고 심심치 않게 선전도 나온다. 빼놓지 않고 나오는 소재 중의 하나는 홍보용 광고들이다. IMF 시대이니 알뜰한 소비를 하라느니, 환경문제가 심각하니 재활용을 하라느니, 물을 아껴 쓰라느니, 전기를 아끼라느니 하는 것들이다. 가끔 한여름과 한겨울에는 적정실내온도를 알리기도 한다. 한여름에 무리하게 에어컨을 사용하여 서늘하리만치 실내온도를 낮추는 것은 전기절약이라는 면에서 일단 위배되고, 적정실내온도가 아니라는 투다(보통 여름철 적정실내온도를 26~28도로 본다). 그런데 전광판에서 알리는 계절에 따른 적정실내온도라는 것이 무엇을 근거로 어디서 온 것일까. 정말로 여름에 그리고 겨울에 맞는 온도일까 하는 궁금증이 없지 않다. 어린아이들과 노인들에 대해서는 실내적정온도 같아 보이지 않기 때문이다.

계절, 남녀, 나이를 두루뭉실 묶어서 더

위나 추위를 느끼지 않는 온도의 범위를 우리는 적정온도라 일컫는데, 사실 적정온도란 다음과 같이 정의된다. '인간이 옷을 입고 가만히 안정을 취하는 동안 우리 체온이 일정하게 유지될 수 있는 온도'. 따라서 적정온도는 정확히 섭씨 또는 화씨 몇 도라고 설정하기보다는 조건에 따라 변해야 할 것이다. 사람마다 나이가 다르고, 의복의 착용정도가 다르고, 생체리듬이 다르고, 피로도가 다르고, 식사시간이 다르며, 호르몬이 배출되는 시간과 양이 다르다. 또한 체형이 다르다.

이러한 조건 등을 고려한다면 적정온도를 당연히 범위로 나타내는 게 바람직하지 않을까 한다. 그것도 아주 넓은 범위로 말이다. 적정온도는 사람들 사이뿐 아니라 한 개인에게서도 달라진다. 인체에 가해지는 환경조건에 따라 그리고 인간의 활동에 따라 같은 날 같은 계절이라도 적정온도는 시시각각 변할 수 있기 때문이다. 한마디로 적정온도의 설정은 한 사람에게서도 그리고 사람들마다 온도를 느끼는 것에 대한 차이가 많음이 고려되어야 한다.

사실 실내적정온도라는 개념을 우리 일상생활에 적용한다는 것은 무리가 아닐 수 없다. 왜냐하면 체온의 유지는 우리 몸 안에서 신진대사로 인해 발생하는 열과 대기로 날아가는 열의 양이 일정하게 유지될 때 이루어지기 때문이다. 따라서 우리 몸 안에서 열이 너무 많이 만들어지거나 열을 너무 많이 주위에 빼앗기게 되면 우리는 각기 덥거나 춥게 느끼는 것이다.

그렇다면 우리는 언제 춥다고 느끼고 언제 덥다고 느낄까? 방안에 걸어 놓은 온도계를 보면 어제와 같은 온도인 것이 분명한데도 어제보다 더 춥게 느껴지는 것은 왜일까? 어제보다 낮은 온도인데도 오히려 따뜻하다고 느끼는 것은 왜일까? 한 가지 원인으로 인해 우리의 느낌이 결정되는 것은 아니다. 크게 심리적, 생리적 그리고 물리적 원인에 기인한다고 본다. 불쾌지수도 이러한 것들을 함께 복합적으로 고려한, 인간의 온도에 대한 편안감을 표시하는 방법인 것이다.

약간의 과학적인 근거를 살펴보자. 어떤 과학자는 피부온도가 33.5도 이하로 떨어지면 추위를 느낀다고 한다. 반면에 피부가 약간 촉촉한 듯 젖어 있는 상황에서는 더위를 느낀다고 한다. 이에 반해 어떤 학자들은 주위온도도 중요하지만 우리 몸이 이미 더워져 있는가 또는 차가워져 있는가가 중요하다고 주장한다. 그도 그럴 것이 추운 겨울에 밖에서 눈싸움을 하다가 꽁꽁 얼어 버린 손으로 실내에 들어오면 눈싸움을 하러 나가기 전과 같은 온도의 실내가 이제는 따뜻하게 느껴지는 것이다. 반대로 한여름에 야외에서 운동을 하다가 에어컨 바람의 실내에 들어오면 닭살이 돋아날 정도로 시원함을 느낀다. 전자의 경우에는 우리 몸이 차가워진 상태였고 후자의 경우에는 우리 몸이 데워진 상태이기 때문이다. 결국 우리 몸은 실내온도나 실외온도에 민감하기도 하지만 갑작스럽게 온도가 변하는 데도 영향을 받아 온도에 대한 추위와 더위를 느끼는 것이다.

많은 실험에서도 이러한 현상을 뒷받침하고 있다. 예를 들어 인체 심부온을 38도까지 올린 후에 피부온도를 30도까지 내렸더니 피검자들은 이 상태를 편안한 온도로 느끼는 것이다. 땀을 흘리는 것도 그러하다. 실내온도 약 20~32도 사이에서는 인체 내의 심부온이 오르지 않았는데도 불구하고 따스함을 느꼈다는 이유로 땀이 나기 시작했다. 결론적으로 우리가 따뜻함을 느끼거나 차가움을 느끼는 것은 심부온과 피부온도가 합작으로 만드는 것이다.

우리가 하는 말 중에 '저 사람은 열이 많아!' 라는 것이 있다. 지금 당장에도 우리는 우리 주위에 열 많은 사람들 몇 명을 떠올릴 수 있을 정도이다. 한방의학에서는 어떻게 표현할지 모르나, 이 '열' 이라는 것을 '온도' 로 한정한다면 서양과학에서는 대사열량이 많은 사람을 통칭한다. 우리 장인 어른께서는 열이 많으신 분이다. 회갑이 넘으신 분인데도 아직도 일주일에 한두 번씩은 꼭 친구분들과 함께 여기저기 원정을 다니시면서까지 테니스를 치신다. 평소에 땀도 많이 흘리신다. 식사를 하실 때도 그렇고 사우나를 다녀오신 후에도 이마에는 땀이 송글송글 맺혀 있다. 이에 반해 장모님께서는 호리호리하신 체형을 유지하시는 분인데 장인 어른에 비해 열이 적으신 것만은 분명하다. 기억에 땀을 흘리시는 것을 거의 못 본 듯한 정도다.

두 분께서는 단독주택에서 사신다. 그러다 보니 겨울철에 처가댁 안방의 온도 유지는 두 분의 의견일치를 기본으로 한다는 것을 가정해봄직하다. 그러나 주로 장모님께서 이 온도를 결정하시는 것 같아 보인다. 특히 하나밖에 없는 사위인 내가 가는 날이면 장모님께서는 보일러를 뜨겁게 달구신다. 그리고는 계속 안방의 따뜻한 곳에 앉으라고 권하

우리는 이와 같은 광고선전물이나 실내적정온도를 알리는 공익광고를 자주 접한다. 이것은 에너지 절약과 외부온도와의 급격한 차이를 막기 위한 좋은 취지의 광고이기는 하지만 이 글에서도 썼듯이 적정온도란 각자의 신체적 조건에 따라 많이 달라진다.

신다. 옷은 왜 또 그리 얇게 입었느냐고 구박 아닌 구박도 하신다. 나는 열이 많은 사람은 아니 듯싶다. 그럼에도 나는 남들에 비해 차가운 온도를 좋아한다. 그래서 되도록 약간은 선선한(?) 응접실에 머문다. 물론 하나밖에 없는 사위를 맞이하시는 장모님의 애틋한 사랑이라는 것을 모르는 바는 아니지만 뜨거운 안방 바닥에 엉덩이를 대고 앉아 있는 것이 쉽지는 않다.

같은 실내온도라도 사람들마다 각기 다르게 느낀다. 그러다 보면 계절에 맞도록 설정한 실내적정온도라는 것이 때로는 터무니없게 느껴질 수도 있다. 그렇다고 실내적정온도의 설정 자체를 무시하는 것은 아니다. 그보다는 적정온도를 기준으로 하되 약간씩의 융통성은 발휘할 수 있는 지혜가 필요하지 않을까 하는 마음이다. 에너지 절약의 차원에서 겨울에는 약간씩의 옷을 더 껴입는 것도 좋지 않을까. 더우면 벗으면 되니까 말이다. 의복을 디자인하거나 제작하는 분들도 이러한 점을 감안하였으면 한다.

Work
high
but
sleep
low!

문명의 시작과 함께 인간은 산과 함께 해야 했다. 산은 바다만큼이나 인류문화를 격리시키는 중요한 분수령이었다. 심지어는 산 하나를 사이에 두고 말씨가 달라지고 음식이 달라졌으며 흔히들 얘기하는 '바디 랭귀지(body language)'도 달라질 정도였다. 그래서 큰 산맥을 넘어 반대편의 세계로 간다는 것은 그만큼 도전적이어야만 했고 필연적 요구에 의해서만 이루어졌다. 인간은 또한 산에 대한 신봉을 가지고 있었다. 거대한 덩치의 위용에 주눅이 들어서일 수도 있고, 종교적일 수도 있으며, 풍부한 자원을 공급하는 장이라는 인식에서일 수도, 또 두려움에서 기인하였을 수도 있었을 것이다.

산에 대해 두려움을 경험한 최초의 기록은 알렉산더의 군대가 인도로 진군한 기원전 326년의 일이다. 그들은 산을 넘으면서 그들에게 나타나는 기이한 현상을 감지하였다. 그러나 산을 오르면서 나타나는 기이한 증세에 대한 호기심이 구체적으로 대두되기 시작한 것은 르네상스 시기에 이르러서였다.

고대 그리스에서도 인간이 높은 산에서 이상해지는 것이 공기 중에 있는 그 무엇인가 때문이며 그것이 인간의 삶에 아주 중요하다고 알고는 있었다. 그러다가 17세기 중엽에 기압계가 발명되면서 산에 오를수록 공기가 희박해진다는 사실을 증명할 수 있었다.

그후 약 100년이 지나고서야 산소에 대한 중요성을 이해하게 되었고 희박한 공기층이 높은 산에서의 이상 증세를 유발하는 이유로 해석되었다. 그러다 산소가 인간에게 얼마나 중요한 것인가를 이해하는 큰 발걸음이 폴 버트(Paul Bert)에 의해 이루어졌다. 고지생리학의 아버지인 버트는 1878년에 산소의 부족 현상이 고지에서 고산병을 유발한다는 연구결과를 발표하였다.

이와 비슷한 시기인 19세기 중엽에는 등산이 상당히 인기 있는 활동으로 대두되었다. 그후 50년 내에 알프스의 거의 모든 봉우리가 인간의 발 아래 놓이게 되었다. 20세기에 들어서면서 인간은 더욱 높은 봉우리를 찾아 다녔고 히말라야를 헤집고 다니기 시작했다. 그때마다 과학자들과 의사들은 인간이 오르는 산의 높이에는 한계가 있다고 역설하였다. 그러나 그들의 이론은 적중하지 않았다. 인간의 산에 대한 도전의 역사가 진행될수록 오를 수 있는 높이는 높아졌다.

수십 년 전만 해도 인간이 살기에는 부적합하다고 여겨진 고지에서도 지금은 인간이 상주하고 있는 실정이다. 현재 인간이 오를 수 있는 높이는 과거에 우리가 상상하던 단계를 넘어서고 있다. 그러나 아직도 고지를 극복해야 하는 과제는 산재해 있다. 인도와 파키스탄의 분쟁에서 병사들은 해발 6,600미터에 이르는 고지에서 전쟁을 치러야 했다. 의심의 여지 없이 그들은 상당한 대가를 치러야만 했다. 고산병을 경험한 대부분의 병사들이 폐 기능에 손상을 입었다. 병사들의 폐 손상은 극심하여 혈중산소농도가 마치 에베레스트 정상에서나 볼 수 있는 정도로 낮아졌다. 인간이 아직도 이러한 고지에 적응하는 데는 한계가 있음을 보여주는 여실한 증거였다.

에베레스트는 인간에게 영원한 최후의 봉우리로 자리하고 있고, 앞으로도 그러할 것이다. 단순히 어려운 등정을 요하기 때문이 아니라 최고의 육체적 정신적 능력을 요구하는 곳이기 때문이다. 그곳 정상은 공기가 희박하고 모질게도 추워서 인간은 물론 다른 생명체조차도 존재하기 힘든 곳이다. 경사는 가파르고 언제 거센 돌풍이 일어 큰 바윗덩어리가 휴지 한 장처럼 날아가 버릴지도 모른다. 정말 오르기 힘든 곳이다. 그러기에 그곳을 인간은 그 오랫동안 오르려 했는지도 모른다.

그 에베레스트를 영국의 힐러리(Hillary)와 셰르파 출신 텐싱(Tensing)이 1953년 인간으로는 처음으로 등정에 성공하였다. 이전에는 많은 사람들이 특히 과학을 논리 정연하게 이해하는 사람들은 지구의 최고봉에 오른다는 것이 불가능하다고 주장하여 왔다. 힐러리가 최고봉에 오를 때는 해발 8,500미터에서부터 산소호흡기를 이용하였는데, 그러자 과학자들은 다시 그들의 논리를 바꿔 산소 없이 무산소 등정을 한다는 것은 불가능할 것이라고 비아냥거렸다. 그러나 또다시 1978년에는 다시 메스너(Messner)와 헤벨러(Hebeler)가 무산소 등정에

성공하였다.

최근에는 탐험가뿐 아니라 트레킹, 여행, 마운티어링, 사업, 연구 그리고 군사적 이유에서와 같은 목적으로도 인간은 높은 고지를 찾는다. 하루에도 수많은 사람들이 해발 약 1,000미터인 프랑스의 샤몽(Chamonix)에서 해발 3,800미터의 아퀼 뒤 미디(Arguille du Midi)까지를 약 20분 만에 케이블카를 타고 오른다. 정상에서는 사진을 찍고 관광을 즐기며 몇 시간 동안 머물기도 한다. 이와 비슷하게 한철에도 수만의 관광객들이 미국 본토에서 가장 높다고 하는 콜로라도 주의 파익스 픽(Pikes Peak)을 찾는다. 관광객들은 차로, 버스로 또는 기차로 정상에 오르는데 약 30분 정도밖에 걸리지 않는다(약 1,830미터에서 4,300미터까지). 물론 고지에 오르는 속도와 머무는 시간 그리고 다시 내려오는 속도에 따라 개인적인 차이는 약간씩 있을 수 있으나, 관광객들이 적게나마 고산 증세를 느낄 수 있는 높이임에는 분명하다.

그러면 인간은 왜 그리도 고지에 부적합한 것일까. 그것은 인간이 해수면 환경에서 살기에 적합한 동물로 진화해 왔기 때문이다. 인간이 진화하는 과정에서 산소가 희박한 고지에 적응하며 살아온 경험이 없다는 얘기이기도 하다.

지구 표면에는 78퍼센트의 질소와 21퍼센트의 산소로 이루어진 공기가 둘러싸고 있다. 이렇게 구성된 공기는 지구 땅위로 약 90킬로미터까지 뻗어 있다. 그래서 해수면에 작용하는 기압은 약 760mmHg인 데 반해 지면으로부터 높은 위치로 올라감에 따라 기압은 줄어든다.

물론 지표면에서 300미터씩 오를 때마다 약 2도씩 줄어들어 고지에서는 추위를 동반하는 것이 상례이지만 추위가 동반요소가 아니라면 고지에서 겪어야 하는 가장 큰 문제점은 공기의 압력이 줄어드는 것이다. 공기의 압력이 줄어드는 것은 바로 산소의 압력이 줄어드는 것이고, 이렇게 줄어든 산소의 압력은 우리에게 많은 생리학적인 문제를 안겨 준다.

보통 고지에 적응되지 않은 사람들이 두드러진 생리학적 문제를 일으킬 수 있는 지점은 해발 약 5,000미터 지점에서부터이다. 이 높이 이상을 오르는 경우 육체적 능력은 현저히 감소하여 고산병에 걸리는 경우가 대부분이다. 물론 고지적응의 관건은 산을 오르는 속도와 그 해발에 얼마 동안 머물렀느냐가 크게 좌우한다. 우리가 흔히 말하는 고산병의 대표적인 것들은 바로 급성고산병(AMS, acute mountain sickness), 폐수종(HAPE, high-altitude pulmonary edema) 그리고 뇌수종(HACE, high-altitude cerebral edema)이다. 그러면 이러한 인체의 비정상적인 증상들은 과연 극복될 수 있을까?

고지에서 생존하기 위한 인간의 노력은 2000년 전이나 지금이나 마찬가지이다. 다른 환경과는 달리 아직도 인간은 고지에서 어떻게 적응해야 하는가에 대해 경험적인 해답만을 가지고 있다. 그래서 고지에서의 생리적 적응에 대한 지식은 다른 환경의학 분야에 비해 그 발전의 폭이 적다. 어쨌든 지금 현재로는 고산병을 적게 느끼도록 하는 지침 같은 것들이 없지 않아 있기는 하지만 근본적으로 고산병을 이길 수 있

유럽의 알프스는 매년 세계 도처에서 몰려드는 관광객으로 북새통을 이룬다. 그러나 높은 고도를 짧은 시간에 오른다는 것은 관광객을 위협하는 요소가 될 수도 있다. 해발 4,000미터에 이르는 이곳은 경미하나마 많은 사람들에게 고산병의 증세를 느끼게 하는 데 충분한 높이이다.

급성고산병 - 약 2,100미터 이상에서 발생하는 가장 일반적인 형태의 고산병이다. 두통, 식욕감퇴, 메스꺼움, 구토, 어지러움, 불면증, 호흡곤란, 무기력 등이 대표적인 급성고산병의 증상이다. 급성고산병은 고지에 도착한 지 약 12시간에서 36시간 사이에 증세가 나타나기 시작하여 약 2~3일 정도 그 증세가 지속된다. 고지로 오를 때는 갑작스런 상승보다는 서서히 산을 오르는 것이 급성고산병을 방지하는 지름길이다.

폐수종 - 보통 고도 2,700미터 이하에서는 발생하지 않는 것으로 보이는 폐수종(폐에 물이 차는 현상)은 급성고산병에 비해 상당히 심각한 병이다. 폐수종은 고지에 도착한 지 1일에서 3일 사이에 그 증세가 나타나며 즉시 하산하거나 치료를 받지 못하면 사망에 이르기까지 한다.

뇌수종 - 뇌에 물이 차는 병이다. 급성고산병이나 폐수종에 비해서는 그 발병 빈도가 적으며 해발 약 4,300미터 이상에서 나타난다. 심하면 사망에 이른다. 따라서 뇌수종이라고 의심되는 경우에는 즉시 하산해야 한다.

망막출혈(retinal hemorrhage) - 약 3,600미터 이상의 해발에서는 망막에 작은 출혈이 있을 수 있는데, 망막의 혈류량이 증가한 데 기인하는 것 같다. 망막출혈은 몇 주나 몇 달 후에 아무런 치료 없이 사라지기도 한다. 때로는 망막황반(macula)에도 출혈을 일으켜 시각의 가운데가 안 보이는 현상을 발생시키기도 한다. 이때는 즉시 하산하여 치료를 받는 것이 상책이다.

는 획기적인 방안은 없다. 그저 고산병 증세를 느낄 때는 가능한 한 빨리 하산하는 것이 최고의 방법으로 여겨지고 있을 뿐이다.

그러면 고지에서는 과연 인체에 어떠한 현상들이 발생하는가. 먼저 고지에서는 인체로부터 탈수가 가속된다. 산을 오를 때 육체적인 운동을 통해 빠져 나가는 수분을 제외하고도 호흡기를 통해 수분이 쉽게 빠져 나가는 것이다. 보통의 환경조건에서 호흡을 하는 경우 우리가 허파로부터 내보내는 공기의 상대습도는 100퍼센트이다. 해수면에서 높아질수록 상대습도는 낮아지고 고도가 높아질수록 산소의 공급을 위해 우리는 숨을 가쁘게 쉰다. 숨을 약간은 가쁘게 그리고 많은 양을 쉰다는 것은 그만큼 내쉬는 공기로 많은 양의 수분이 방출된다는 의미이다. 간단히 생각하기에 뭐 그리 많은 양의 수분이 호흡기를 통해 빠져 나가겠느냐고 의구심을 품을지 모르나, 계산에 의하면 고지에서는 하루에 약 1리터의 수분이 인체로부터 빠져 나간다고 알려지고 있다.

공기의 압력이 낮아지면 인체에서 산소를 운반하는 혈액 속에도 산소의 함량이 덩달아 낮아지게 마련이다. 혈액 속의 산소농도가 낮아지면 인체는 이를 감지하고 감소된 산소를 보충하기 위해 호흡을 가쁘게 한다. 그러나 가빠진 호흡은 단순히 산소의 공급만을 증대시키는 것이 아니다. 가빠진 호흡은 우리 몸 안의 이산화탄소를 빠르게 바깥으로 배출시킴으로 해서 호흡은 다시 느려지게 된다. 그러다가 약 1주일 후에는 다시 호흡의 빈도수가 잦아지고 결국은 최고치에 이른다. 이때를 보통 학자들은 인체가 '고지에 적응된 상태'로 이해하고 있다. 그러나 혈중산소와 이산화탄소를 미세하게 감지하는 능력은 유전적인 요소가 가장 많이 작용하리라고 믿어지고 있다.

진정으로 고지에 잘 적응된 상태를 어떻게 볼 것이냐 하는 것은 아직도 과학자들 사이에서도 의견이 분분하다. 그러나 인간이 고지에 적응된 상태를 알아볼 수 있는 한 가지 간접적인 척도는 바로 고지에서 오랫동안 살아온 이들을 살펴보는 것이라 하겠다. 이러한 종족 중에 남아메리카의 안데스(Andes) 산맥에서 살아온 원주민들이 있다. 이들 원주민들이 고지에 적응되지 않은 사람들과 비교해 두드러지게 다른 점은 해발 5,500미터 지점에서도 힘든 육체적인 일을 무리 없이 해 나간다는 사실이다.

이 능력은 구전으로 전해 내려오는 그들의 옛 선조들로부터 후예인 지금의 원주민들에게서까지 변함없이 볼 수 있는 현상이다. 그러나 한 가지 독특한 현상은 이들 원주민들이 일은 높은 곳에서 하되 잠은 항상 낮은 곳으로 내려와 잔다는 사실이다. 만약 그들이 높은 곳에서 잠을 취한다면 그들도 높은 고도에서 일을 하기란 여간 힘든 것이 아니다. 그래서 학계에서는 이러한 말들을 한다. '일은 높은 곳에서 잠은 낮은 곳에서(Work high but sleep low!)'.

학자들이 고지적응의 척도를 고지 원주민들의 취침 습관에 비교하는 이유가 여기 있다. 즉 고지에서 잠을 잘 이루면 적응을 잘하는 것으로 판정하는 것이다. 그러나 한편으로는 높은 지역에서 오래 머물면 머물수록, 그리고 고도가 높으면 높을수록 숙면을 취하지 못하는 경우가 다반사이다. 주로 호흡곤란으로 인해 아주 높은 곳에서는 보통 하룻밤에 삼 사십 번은 잠에서 깨는 것으로 알려지고 있다. 그래서 실제 취침 시간은 정상적인 취침 시간의 반으로 줄기도 한다. 심지어는 다시 낮은 지역으로 내려오더라도 불면이 한동안 지속되기도 한다.

이미 설명하였듯이 고지에서는 누구에게나 극심한 탈수현상이 일어난다. 그러다 보니 수분이 급속도로 준다는 것이 고산병을 유발하는 원인으로 작용하지 않나 하는 의구심이 들 만도 하다. 만약 그것이 사실이라면, 고지에서 모자라기 쉬운 두 가지를 보충해 주는 것이 급성고산병을 줄이는 데도 도움이 되리라. 이 두 가지가 바로 물과 탄수화물이다. 잃어버린 만큼을 보충하여 증세를 줄이자는 것이다. 탄수화물의 섭취는 근육의 무게를 유지하도록 하는 데 도움을 준다. 그러나 이런 방법이 고산병을 줄이는 데 기여한다는 확고한 과학적인 근거나 연구는 아직 불충분하다.

공기가 희박하다고 모든 것이 불리할 소냐

만년설이 쌓인 산 정상을 등정하려는 극소수의 산사람들이 아니라도 자의든 타의든 가끔씩은 직간접적으로 고지 경험을 한다. 운동선수에게는 더욱 그러하다. 외국으로의 원정 경기 중에 높은 지역에서의 운동시합을 하는 경우가 있기 때문이다. 고지에서의 낮은 산소 압력은 인체 활동에 부담스러운 환경임에는 의심할 여지가 없다. 그럼 과연 공기가 희박한 고지에서는 육체적 운동이 어떠한 영향을 받을까?

해발 2,300미터인 1968년 올림픽 개최지 멕시코시티는 이러한 질문에 대한 많은 해답을 주었다. 결과부터 말하자면 고지의 희박한 공기층은 종목에 따라 유리하거나 불리하게 작용한다는 것이다.

먼저 불리하게 작용할 수 있는 종목부터 살펴보자. 운동을 하는 데는 산소가 필요하다. 우리의 근육이 운동을 위해 수축하는 데는 평상시에 비교해 수배에서 수십 배에 이르는 산소의 공급이 필요하다. 특히 지속적으로 강한 운동을 하는 데는 더욱 그러하다.

어찌 보면 얼마만큼 산소가 근육에 잘 배달되느냐가 운동능력을 평가하는 가장 중요한 기준이 될 수도 있을 정도이다. 그러다 보니 산소의 공급이 제한적인 고지에서는 지구력을 요하는 운동이 그만큼 불리할 수밖에 없다. 과학자들은 이러한 이유 때문에－산소 부족의 이유－멕시코시티에서는 운동선수들이 상당한 기록의 저조를 보이리라 예견했다. 해수면에서도 기록의 경신이 쉽지 않을진대 산소가 희박한 고지에서는 오죽하겠느냐 하는 것이었다.

이번에도 과학자들은 그들의 주장이 완전하다는 것을 증명하는 데 실패하였다. 지구력을 요하는 운동 종목에서 학자들이 예견한 정도로 기록이 저조하지는 않았다. 물론 기록의 저하가 있기는 하였으나 트랙경기 중 1500, 5000, 10000미터 경주의 우승자들은 종전기록에서 단 6~8퍼센트 정도만이 늦었을 뿐이다.

학자들은 또다시 현상에 대한 해석에 착수하기에 급급하였다. 과학자들은 고지에서의 운동기록이 예상보다 크게 뒤떨어지지 않은 이유는 공기의 밀도에 기인한다고 해석하였다. 즉 산소의 공급이 적어 지구력 저하에 상당한 영향을 미쳤을지라도, 엷은 공기층은 인간이 달릴 때 공기 저항을 줄여 주었다는 것이다. 사실 공기 저항은 달리기 종목뿐 아니라 사이클링, 스피드 스케이팅 그리고 크로스컨트리, 스키 같은 빠른 속도로 움직이는 경기 종목에서도 기록 향상에 도움을 주었던 것으로 알려지고 있다.

공기 저항에 대해 언급하고 있는데 고지라는 환경이 기록에 유리하게 작용하는 경우는 경기 시간이 2분 이내인 운동 종목에 해당한다. 우리가 운동을 하는 데는 지속적으로 산소의 공급이 필요하다고 했다. 그러나 사실 강한 운동을 시작하는 데 있어 처음 약 2분 동안에는 즉시 정량의 산소공급이 필요한 것은 아니다. 급한 대로 산소 없이도 사용 가능한 에너지를 이용하는 것이다. 물론 산소 없이 사용할 수 있는 이 에너지가 오랜 운동을 지속할 수 있을 정도로 충분하게 저장되어 있는 것은 아니다. 그래서 나중에 산소의 공급으로 이 에너지를 다시 만든다는 보장 하에 사용하는 것이다. 급한 대로 숨겨 놓았던 비자금을 먼저 사용하고 나중에 여기저기서 돈을 꾸어다가 메우는 식이다. 우리가 높은 계단을 오를 때 처음에는 아무런 부담 없이 빠르게 오를 수 있다가도 얼마 못 가서 다리가 뻣뻣하게 굳어져 오고 더 이상 처음 계단을 오르던 속도로 오르지 못하며 숨을 몰아쉬는 이유가 바로 여기에 있다. 처음에 동원된 에너지가 고갈되었기 때문이다.

여하튼 우리 몸이 운동을 위해 산소를 적극적으로 필요로 하지 않는 2분 이내의 짧은 운동 종목에서는 공기 저항의 감소로 좋은 기록을 낼 수 있었다. 그래서 멕시코 올림픽에서는 남자 100, 200, 400미터에서 여자는 100, 200, 800미터 달리기에서 각각 세계 신기록이 수립되었다.

고지에서는 공기 저항 이외에도 운동경기에 또 다른 유리한 조건이 있다. 바로 지구 중력의 약화이다. 중력과 공기 저항의 약화는 체공 시간과 거리를 요하는 종목에도 유리하게 작용하였다. 예를 들어 멕시코 올림픽에서는 넓이뛰기와 장대높이뛰기에서 세계 신기록이 나왔다.

그렇다면 우리가 고지라고 말할 수 있는, 즉 우리의 육체적 능력에 영향을 줄 수 있는 높이는 어느 정도인가? 이론적으로 공기의 압력이 낮아짐에 따라 우리 혈액에 산소의 함량이 낮아질 수 있는 높이는 약 1,500미터 이상에서부터이다. 즉 해발 1,500미터 이상의 높이에서 운동시합이 있을 경우에는 고지에 대한 대비를 하는 것이 현명하다는 것이다. 고지에서 운동경기를 하는 경우에는 다음과 같은 두 가지 방법을 이용하는 것이 바람직하다.

먼저, 시합이 열리는 장소에 시합 12시간 이내에 도착하여 경기에 참여하는 것이다. 12시간 내의 짧은 시간 안에는 고산증세로 인한 기력 저하를 느끼지 않기 때문이다. 둘째는, 시합장소와 같은 높이의 장소에서 여러 주 동안 적응기간을 갖는 것이다. 적응기간 중에 운동 강도는 적절하게 줄여서 시작해야 한다. 해수면에서 사용하는 강도는 고지에서는 상대적으로 강하기 때문이다. 훈련이 진행됨에 따라 운동 강도에 대한 적응도 같이 따라야 한다. 최소한 2주의 훈련적응기간을 가져야 하며 처음 며칠 동안은 고산증에 시달릴 수도 있음을 명심하도록 한다.

운동학자들은 고지에서 사람이 산소 부족으로 부정적인 영향을 받는다는 점에 착안하여 거꾸로 운동선수를 고지에서 훈련시키는 방법을 시도해 왔다. 논리는 이렇다. 고지에 일정기간 노출된 인간의 혈액은 고지적응의 일환으로 변화를 일으킨다. 혈액이 산소운반능력을 증대시키기 위해 산소를 운반하는 수레격인 헤모글로빈을 증가시키는 것이다. 그렇다면 해수면 높이의 장소에서 운동시합이 있기 전에 고지에서 훈련을 한다면 혈액의 산소운반능력을 높여 이득을 볼 수 있지 않을까 하는 계산이다.

과연 고지에서의 훈련이 해수면에서의 운동 시합에 도움을 줄 수 있을까? 1960년대 이후에 이루어진 여러 실험들을 종합적으로 평가하여 보자면 해발 2,300~4,000미터 사이에서 몇 주간 훈련을 하고 해수면 높이의 장소로 내려와 운동을 하였을 때 체력 향상을 보이지 않는 것이 통상적이다. 이러한 현상은 해발 3,100미터에서 태어나 살아온 원주민들에게도 마찬가지이다. 그들이 해수면에 내려와 운동을 하였을 때 더 좋은 성과를 올리지는 않는 것으로 나타났다.

이런 반응은 여러 가지 원인에 기인하겠지만 그중 하나는 혈중 헤모글로빈이 증가하여 산소운반능력이 증대되었다고는 하지만 반대로 헤모글로빈 수의 증가로 혈액의 점도가 증가하였다는 이유 때문이다. 또 다른 원인은 운동강도에 기인하는 것으로 해석된다. 고지에서의 훈련은 해수면에서보다 약한 운동강도로 훈련이 되어진다는 사실이다. 고지에서는 해수면에 비해 인체의 최대능력이 급감하여 상대적 운동강도도 같이 떨어진다. 따라서 오랫동안 고지적응을 하더라도 그곳에서 수행한 운동강도가 낮기 때문에 해수면에서 강도 있는 훈련을 행하는 선수들에 비해 불리한 훈련을 하였다는 것이다. 많은 운동선수나 코치가 고지훈련에 관심 있어 할지는 모르나 꼭 좋은 성과를 기대할 수는 없으리라.

시차 적응 잘하는 사람, 못하는 사람

요즘 같은 세상에 비행기 한번 안 타 본 사람 있을까? 최소한 한두 번씩은 다 타 봤을 것이다. 그러다 보면 외국여행의 기회를 갖는 것이 자연스러운 일인데, 여행만큼 즐거운 일이 또 어디 있을까? 더욱이 외국여행인데.

휴가라면 다른 나라로의 여행은 즐겁기 짝이 없다. 시차적응도 내키는 대로 할 수 있어 좋다. 내가 편히 쉬겠다는데 누가 뭐라는 것도 아니고. 단체여행이라면 이동하는 버스 안에서 자든 잡담을 하든 놀든 무슨 상관이겠는가. 혼자 하는 배낭여행이라면 쉬엄쉬엄 가도 계획했던 유적지 한두 군데만 빼먹으면 별 탈 없이 여행을 마칠 수 있다. 시차적응이 하루가 걸리든 일주일 이상이 걸리든 개인의 욕구에 따라 신경 쓸 바가 아니다.

그러나 사업차 외국여행을 하는 사람들에게는 시간대를 바꾼다는 사실이 마냥 즐겁지만은 않다. 공항에서의 수속이나 비행기 안에서의 시간 보내기에는 능숙할지 모르나 출장이라는 직업상의 부담감이 크다. 지켜야 할 시간이 있고 이에 맞추어 자신의 생체리듬을 바꿔야만 한다. 그래서 때때로 스케줄에 따르지 못하는 자신의 몸을 추스르는 데 급급해 하기도 한다.

현지에 도착하여서는 직업상 사업에 대한 흥정을 곧바로 해야 하는 경우도 있다. 사안의 중요성에 따라 정신 바짝 차리고 상대방을 만나기도 한다. 그러나 이것도 한두 번이다. 자주 반복되는 출장과 지난번과 같은 엇비슷한 흥정의 연속이라면 집중력은 그만큼 떨어진다. 긴장이 풀린다. 방금 전 상대방 발언이 기억이 나지 않는다. 한참 졸음이 쏟아지는 시간에 업무수행을 해야 한다는 것이 얼마나 괴로운 일인가. 특히 자신의 발언시간이 아니거나 회의실 안에 어두운 조명이 깔려 있다면 십중팔구 졸기 마련이다. 결국 업무효율은 꽝이다. '제트레그(jet-lag, 갑작스런 시차변화에 따른 무기력증)' 는 이렇게 인간을 무능하게 한다.

인간은 낮에는 깨 있고 밤에는 자는데, 이런 생체주기는 왜, 어떻게 조정되는 것일까. 그리고 시차적응을 위해 이 주기는 어떻게 이동하는 것인가. 시차적응을 하려면 분명히 생체주기의 이동이 필요할텐데 말이다.

세포 내에 핵을 보유한 거의 모든

몇 시간의 시차를 갑자기 이동하면 서케이디언 리듬이 깨지는 제트레그 현상이 일어난다. 제트레그를 겪는 사람들은 피로, 불면증, 나른함을 느낀다.[51] 다른 증세로는 소화불량, 두통, 식욕부진이나 시력이 침침해지는 것 등이 있다.[11] 어떤 실험에서는 6시간의 시차가 인간의 인지능력을 약 10~15퍼센트 정도 감소시킨다고 보고하기도 한다. 그리고 이러한 인지능력의 감소가 정상적으로 돌아오기까지에는 약 3일이 걸린다고 하였다.[16]

생물체들은 '리듬(주기)'을 갖는다. 주기란 최저치와 최고치를 일정시간 동안 오르락내리락 하며 규칙적으로 반복하는 것을 의미하는데 주기에는 여러 종류가 있다. 하루를 주기로 하는 '서케이디언(circadian, 약 24시간)', 일주일을 주기로 하는 '서카셉탄(circaseptan, 약 7일)', 한 달을 주기로 하는 '서카루나(circalunar, 약 28일)' 그리고 일년을 주기로 하는 서캐뉴얼(circaannual, 약 1년)' 등이 있다. 이중에서 인간의 하루 시차를 결정하는 주기가 바로 '서케이디언 리듬'이다.

보통 이 리듬은 밤과 낮, 잠잘 때와 활동할 때 그리고 하루 세 끼 식사시간과 동일하게 약 24시간을 주기로 움직인다. 이러한 인체의 외부적 환경 조건을 '자이거버(zeitgeber)'라고 하는데 이는 독일어로 '시간을 제공하는 자(time-giver)'라는 뜻이다.[23] 시계가 따로 없는 우리 신체에게 주기적으로 외부에서 시간을 알려주는 무의식적인 힌트인 셈이다. 즉 '자이거버'에 의해 생체리듬이 조절된다는 것이다.

자이거버가 생체리듬을 결정하는 데 얼마나 중요한지는 갓난아기에게서 쉽게 발견할 수 있다. 갓난아기는 잠을 자는 시간과 깨어 있는 시간에 24시간의 주기를 갖고 있지 않기 때문이다. 그러다 보면 외국여행과 같은 시간의 변화, 수면부족, 활동시간의 변화, 여성에 있어 피임약의 사용 그리고 총체적인 외부환경의 변화는 생체리듬을 갑작스럽게 변화하게 하는 요인으로 작용하는 것이다.

그렇다고 자이거버만이 우리 생체리듬을 결정하는 것은 아니다. 자이거버와는 별도로 우리 몸 안에서도 리듬을 유지하도록 하는 속도계(pacemaker)가 있는데, 체온 또는 호르몬 등이 이 속도계에 속한다. 인체주기의 속도계라고 여겨지기 위해서는 다음과 같은 몇 가지 특성을 가지고 있어야 한다. 외부적인 영향과 무관하게 독자적인 주기를 유지하며, 새로운 시간에 적응할 때 다시 약 24시간에 맞도록 재조정이 가능하고, 갑작스런 변화가 이루어지지 않아야 한다는 것이다. 이 속도계들은 보통 자이거버의 주기와 동일하게 변화하는 것이 일반적이다.

그렇다면 만약에 자이거버가 사라진다면 우리 몸 속에서 리듬을 유지하는 속도계들은 어떻게 변할까. 각 속도계들은 제각기 행동을 취하게 된다. 즉 사람을 방안에 가두어 놓고 어떤 자이거버의 주기도 없다면 우리 몸 안의 속도계들은 자유롭게 각자의 주기속도를 결정하는 것이다. 이를 우리는 '프리 러닝(free running)' 이라 한다.

인간의 속도계가 프리 러닝할 때 체온변화의 주기와 수면의 주기는 약 24~26시간이다. 우리가 하루라고 설정한 천문학적인 24시간에 비해 약간 긴 시간이 걸린다. 24시간에 비해 인체의 속도계가 약간 길다는 게 어떠한 중요성이 있을까. 바로 시차적응이 가능하도록 하기 위해서이다. 만약에 인체 내의 속도계도 밤낮과 같이 24시간을 주기로 반복한다면 인간은 지구의 반대쪽으로 여행을 할 수 없을 것이다. 변화한 시차에 적응할 수 없기 때문이다.

이러한 이유 때문에 외국으로 여행을 떠날 때는 서쪽 방향으로 하라는 것이다. 지구의 자전에 의해 서쪽은 우리보다 시간이 늦고 따라서 긴 시간을 가진 '프리 러닝'의 생체리듬은 쉽게 적응할 수 있는 것이

다. 만약 동쪽으로 여행한다면 짧아진 하루에 적응하는 긴 시간의 생체
리듬이 적지 않은 고충을 겪게 된다. 그래서 우리가 미국여행을 마치고
돌아올 때가 미국으로 여행 갈 때에 비해 훨씬 시차적응에 쉬움을 느끼
는 것도 바로 이 이유에서이다. 그리고 개인의 생체주기가 길수록 서쪽
으로의 여행은 더욱 편안할 수 있다. 그러나 한 가지 짚고 넘어가야 할
것은 시차적응에는 너무나 많은 요인이 결부되어 있다는 것을 명심하
라는 것이다.

시차의 변화에는 직접적으로 육체적 능력에도 이상을 가져 온다.
약 6시간의 시차는 먼저 근육의 힘과 지구력에 약화를 야기한다고 한
다.[51] 그래서 단거리나 중거리 선수, 배구나 하키 같은 팀 경기에서도 시
차의 변화로 인한 무기력을 극복하는 데는 수일이 걸린다고 한다.[44] 특
히 시차의 극복을 위해 하루 반 정도, 약 36시간 동안 잠을 자지 않는
경우에 지구력이 현저하게 감소한다고 한다.[29]

운동선수는 외국 전지훈련이나 국제경기를 자주 한다. 목적지에
알맞게 시차적응을 하는 것은 몇 단계를 거쳐 실시하는 것이 유리하다.
예를 들어, 우리보다 6시간이 늦은 지역에서 경기가 있다고 해보자. 일
단 선수들은 우리나라에서 현지에 맞도록 운동시간과 식사시간 그리고
취침시간을 서서히 변화시킨다. 그리고는 목적지까지의 중간 정도 되
는 지점에서 약 3일을 소비한 후 다시 목적지로 향하여 그곳에서 약 3
일 동안의 적응기간을 갖도록 한다. 우리의 '프리 러닝' 신체리듬이 약
25시간이라고 가정하면 1 시간을 극복하는 데 약 하루의 적응시간이

필요하기 때문이다.

　그렇다면 시차를 빠르게 적응할 수 있는 기술적인 작전은 없는 것일까. 몇 가지 방법이 있다. 먼저 식사를 새로 이동한 장소의 시간대에 맞도록 한다. 둘째로는 '메틸 잔틴(methyl xanthines, 카페인, theophylline, theobromine 등을 말함)'이 함유되어 있는 커피, 홍차, 콜라, 초콜릿 등의 섭취는 생체리듬을 바꾸는 데 유리하다. 이를 섭취할 때도 방법은 따로 있다. 리듬을 연장시키려면 '메틸 잔틴'을 아침에 그리고 리듬을 짧게 줄이려면 이를 초저녁에 섭취하도록 한다. 쉽게 설명하면 서쪽으로 여행할 때는 커피나 홍차 또는 콜라를 아침에 마시도록 하고 동쪽으로 여행할 때는 이러한 음료를 초저녁 때까지는 마시지 않도록 한다. 셋째로 아침과 점심에 고단백질의 식사를 하는 것은 '카테콜아민(catecholamines)'의 생성과 활동을 왕성하게 해줘 유리하고, 저녁에는 고탄수화물의 식사가 '세로토닌(serotonin)'과 수면을 불러일으키게 한다. 특히 중요한 것은 이러한 '자이거버'를 동시에 수행하는 것이다.

　노인들의 하루 주기에 대해 알아보자. 우리는 흔히들 노인들은 잠이 없다고 한다. 사실 나이가 들면 들수록 노인들은 아침 꼭두새벽에 일어나 하루를 시작한다. 왜일까? 사람은 나이가 들수록 생체리듬이 짧아진다고 한다. 그러다 보니 주기를 짧게 이루고 잠이 짧아지게 되는 것이다. 우리의 할아버지 할머니들께서 절대 부지런하여 그런 것은 아니다.

올빼미와 종달새의 대결

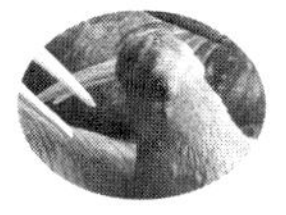

미국에서는 아침잠이 없는 사람을 일컬어 '락(lark, 종달새)' 이라 한다. 반대로 아침에는 흐느적거리며 못 일어나고 밤늦도록 별일 다하다가 새벽녘이 되서야 잠자리에 드는 이들을 '아울(owl, 올빼미)' 이라고 한다. 새 이름을 묘사하여 나온 이러한 별칭은 이 새들의 특성에 빗대어 표현한 것이다. 종달새는 새벽부터 일어나서 하늘 높이 날아 조잘대며 먹이를 찾아다닌다. 부지런해야 하나라도 먹이를 더 찾기 때문이다. 올빼미는 어두운 밤에도 동공이 큰 눈을 부릅뜨고 숲 속 한쪽 구석에 쪼그리고 앉아 있는다. 음흉스럽게 사냥감이 될 만한 작은 동물들의 동태를 살피기 때문이다.

인간을 이야기하자면 아침에 일찍 일어나는 사람들을 우리는 부지런하다고 표현한다. 더 많은 일을 할 수 있다는 의미에서이다. 반면에 늦게 일어나는 사람들은 게으르다고 한다. 하지만 이는 농경이나 유목생활로 시작한 인류의 사회적 특성을 바탕으로 하는 사고방식이 아닌가 한다. 우리 아버지

세대에서는 아직도 늦잠을 자거나 잠이 많은 이들을 게으르다거나 미련하다고 표현한다. 상대적으로 신세대들은 현대문명의 혜택으로 밤낮의 구별 없이 생활에 적극적인 태도를 보인다. 나도 그중 하나이다. 나는 '아울'이다. 그럼 과연 '아울'은 '락'에 비해 비효율적이고 게으르다고 표현하는 고정관념의 불이익을 만회할 기회는 없을까?

컴퓨터가 아무리 발달하였다 해도 역시 창작이라는 것은 아직까지는 인간의 몫이다. 개개인의 창작은 획일적인 방법으로는 이루어지지 않는다. 창작과 생산은 인간의 두뇌를 작동시켜 최고의 정신적 산물을 만드는 작업이다. 인간의 미래문명이 지금의 문명으로부터 변한다 한들 창작이라는 것은 미래에도 문화의 기본적 근간이 될 것으로 전망된다. 또한 미래의 창작과 생산은 단순히 이론적이거나 개념적인 것으로만은 그 참신성을 잃고 말 것이다. 이론만을 내세우는 정보는 아무 짝에도 쓸 데가 없다. 과학이나 기술을 통해 중요한 정보를 만들었다면 이를 인간생활을 풍성하게 하도록 문화적으로 접합하여야 할 것이다.

만약 이러한 중요한 인간두뇌의 작업이 가장 효율적이기를 원한다면 개개인이 최상의 컨디션을 유지하는 상황에서만이 가능하다. 기계가 최상의 컨디션일 경우만이 최고의 품질을 보장받을 수 있듯이 말이다. 사람이 '락'이냐 '아울'이냐에 따라 그 정신문화의 품질이 최고로 발휘될 수 있는 조건이 결정되는 것이다.

'락'에게 저녁식사 후에 창작을 하라는 것은 무리다. '아울'에게 새벽부터 일어나 일을 하라는 것도 바보짓이다. 역설일지 모르겠으나 정신문화를 개발하는 사람들에게 동일한 출퇴근 시간을 꼭 지키도록 하는 것이 좋을 수만은 없다. 그들에게는 자유스러운 근무시간이 필요하다. 조형미술을 하는 예술인에게 출퇴근시간을 정해 주면서 최고의 대우를 해준다 한들, 그에게서 좋은 작품이 나올 리 만무하다. 미래에는 근무환경을 조성하는 데 단순히 실내 인테리어나 조명에만 투자한다면 이는 단순논리로 치부될 공산이 크다. 일이 효율적으로 이루어지는 시간대를 그들에게 부여하는 것도 창작의 생산성을 올리는 또 한 가지의 술수다.

비슷한 그러나 조금은 각도가 다른 얘기를 하나 더 해보자. 낮과 밤을 바꾸어 생활하는 사람들 얘기다. 내가 예전에 살던 아파트에는 여느 아파트와 같이 경비아저씨가 항시 출입문 앞에서 경비를 보고 있었다. 주차장에서의 자잘한 업무를 보거나, 때론 옆 동의 다른 경비아저씨와 잡담할 때를 제외하고는 언제나 경비실 작은 공간 안에서 근무하고 있었다. 내가 알기로는 우리 동의 경비아저씨는 모두 둘이었다. 얼굴을 정확히 기억할 수는 없지만 이들 경비아저씨들에 대해 기억나는 것이 하나 있다. 아침저녁으로 숙직 당번이 바뀌는 것이다. 아마도 하루는 키 크고 마른 아저씨가 다음 날은 키 작고 뚱뚱한 아저씨로 말이다. 이 아저씨들은 번갈아 가며 맡아야 하는 숙직이 편하게 느껴졌을까? 아니면 더 고역이었을까?

사람은 하루를 주기로 그 생체리듬이 있다. 이 생체리듬을 통해 우리의 체온과 심장의 박동수, 신진대사의 양 그리고 호르몬의 분비가 하루 약 24시간을 주기로 반복적으로 오르락내리락한다. 이 주기는, 그러나 훈련과 적응을 통해 천천히 변화시킬 수 있다. 전체적으로 주기를 조금 더 빠르게 또는 느리게 일어나도록 이동시킨다는 의미이다. 그러나 주기의 이동은 상당한 시간의 소비를 필요로 하며, 하루아침에 이루어지지는 않는다.

하룻밤을 새우게 되면 이 주기에 혼동이 오게 된다. 그러나 밤샘을 한 다음날에 충분한 휴식을 취하게 되면 주기는 밤샘을 하기 전 원상태의 주기로 되돌아간다. 따라서 주기의 이동은 이루어지지 않는 것이다. 일주일에 한두 번씩, 밤 생활을 해야만 하는 이들에게는 밤샘에 따른 피로만이 매번 쌓일 뿐이다.

그러나 이와는 달리 밤낮을 항상 바꾸어 생활해야 하는 이들도 있다. 이런 사람들의 신체적인 리듬은 밤샘을 하는 데 큰 고통을 느끼지 않는다. 이미 생체리듬이 새 생활주기에 적응하였기 때문이다. 밤에 적합하게. 다시 말해서 육체적으로는 매일 야간근무를 하는 사람이 격일 야간근무자에 비해 적은 고통을 받는다고 보는 것이다.

이 대목을 읽는 독자들은 분명히 이 순간에 질문을 해댈 것이다. 매일 밤새는 것이 격일로 새는 것보다 더 힘들다고. 답은 간단하다. 이렇게 질문하는 사람들은 분명히 밤낮을 바꾸어 생활하면서도 정규적인 생활의 스케줄을 안 가지고 있는 사람들이다. 불규칙한 생활은 리듬의 적응을 못하고 있는 상태이기 때문이다. 밤낮이 바뀌어도 상관없다. 단지 규칙적인 생활의 방식이 중요하다는 것이다. 밤낮이 있기에 우리는 이렇게 육체적으로 방황하는 것이다.

잠이 부족하거나 제시간에 잠을 이루지 못한다면 인간에게는 어떠한 영향을 미칠 것인가. 이러한 영향을 알아보기 전에 먼저 주기의 변화에 대해 알아보는 것이 좋겠다. 긴장의 정도라든가, 반응속도, 근육의 힘, 사물에 대한 인지능력은 오후에 절정을 이룬다. 자연히 피로를 느끼는 정도라든가 최대의 능력을 발휘하는 데 오후가 유리하게 된다. 체온 또한 늦은 오후시간이 최대치에 이르며 심장의 박동수도 이때 같이 증가한다. 많은 학자들은 또한 운동선수에게 있어 오후 시간이 최고의 기량을 선보일 수 있는 시간이라고 주장하기도 한다. 가끔씩은 국제경기에서 주최국이 이런 이점을 이용하는 것을 본다. 자국의 선수들을 위하여 늦은 오후에 경기 시간을 배정해 놓는 것이다.

잠이 제때 이루어지지 않으면 주기를 가지고 있는 우리 몸의 모든 생리적 요소들에 혼동을 야기시킨다. 생리적 주기의 최고치가 아닌 시간에 활동을 하려니 얼마나 힘들겠는가. 긴장의 정도는 시간에 완전하게 적응되지 않은 상태에서는 낮은 편이다. 집중력이 떨어지며 심리적 스트레스를 받을 수 있다는 얘기다. 운동선수에게 있어서도 외국으로 원정경기를 떠나 그 나라의 오후시간에 맞추어 경기를 치러야만 하는 경우가 가장 불리할 수도 있다는 얘기다. 그 나라 선수들은 최상의 컨디션 그리고 원정을 떠난 선수에게는 체력조건이 최적이 아닌 시간대이기 때문이다.

밤과 낮을 번갈아 가며 일하는 사람들처럼 적절한 잠을 이루지 못한 경우에는 보통 피로가 쌓이고 숙면을 이루기가 어려우며 때로는 소화기능에 이상이 생기기도 한다. 밤에 일하는 사람들은 규칙적으로 밤에 일하는 것에 완전히 적응하는 게 중요하다. 밤과 낮일을 번갈아 가며 한다거나 가끔씩 밤일을 수행하는 것은 적응의 측면에 위배될 뿐 아니라 오히려 주기의 혼동을 초래할 뿐이다. '아울'이냐 '락'이냐는 그다지 중요하지 않다. 단지 '아울'은 '아울'답게 '락'은 '락'답게 그렇게 규칙적인 생활이 중요한 것이다.

마스크 쓰고 운동해야 하나

현대 공업사회에서 인간이 적응해야만 하는 또 하나의 환경적 자극은 바로 '공해'이다. 바야흐로 이제는 모든 인류가 공통적으로 대처해야 하는, 인위적으로 조성된 자연환경의 도전인 것이다. 우리가 알고 있는 공해의 종류는 한두 가지가 아니다. 과연 인류가 언제부터 공해에 대한 관심을 가졌어야 했던가. 분명 그리 오래된 일이 아님은 확실하다. 자동차가 발명되었을 때 자동차를 생산하는 기업가들이나 이를 이용하는 사람들은 앞으로 다가올 자동차 문명에 대해 굉장한 열의로 찬사를 아끼지 않았다. 그 와중에도 한 신문지면에는 작은 그러나 매우 염려스러운 미래의 자동차 문명에 대한 견해가 적혀 있었다 한다. 자동차가 보편화되면 이를 수용할 도로는 차치하고라도 자동차를 굴리는 데 사용되는 연료들과 이로 인해 배출되는 매연은 어떻게 감당할 것이냐고. 사람들은 코웃음을 쳤다. 지금부터 약 100년 전의 일이다.

이제 대기오염이란 대도시뿐 아니라 중

소도시와 시골에서도 귀에 익은 소리가 되었다. 대기오염은 단순히 산업 근로자에게 병적인 원인을 제공하는 환경으로서뿐 아니라 보통 사람들의 생활 및 신체능력에도 상당한 영향을 미치는 우리의 반갑지 않은 이웃이 되고 말았다. 이제는 진지하게 대기오염에 대처할 시기이다.

산업 근로자들 중에 오염된 공기를 항시 호흡해야 하는 부류가 상당수 존재한다. 고속도로의 톨게이트에서 근무하는 사람들이나 자동차 정비공장에서 일하는 사람들, 버스나 택시기사들, 교통순경 그리고 환경미화원들. 여름이면 여름, 겨울이면 겨울에 각기 다른 유형의 대기오염물질에 노출되기 쉬운 직종들이다. 여러분들은 이들이 직무수행 시 마셔야 하는 오염된 공기가 업무능률에 어떠한 영향을 미치리라고 생각해 본 적이 있는가?

먼저 역사적으로 심각한 공기오염이 인간에게 어떠한 영향을 미쳤는가를 살펴보자. 1930년 벨기에의 무스 벨리(Meuse Valley), 1948년 미국 펜실베이니아 주의 도노라(Donora) 그리고 1952년 영국의 런던이 바로 대표적 공기오염의 사례들이다. 이 세 경우를 통해 약 4천 명의 사망자가 발생하였다. 그후 인간은 공기오염에 대해 관심을 기울였고 대기오염 기준치 설정과 대기오염이 인간 건강에 미치는 영향에 대한 연구노력을 기울여 왔다.

대기오염의 원천은 석유를 사용하는 자동차나 공장으로부터 배출되는 화학적 분자들에 의한다. 이러한 물질 중에 분자들의 성질이 배출 후에도 변하지 않은 채 대기에 남아 있는 것을 일차오염물질이라 한다.

대기오염의 주범은 인간이 소비하는 연료이다. 그 중에서도 특히 자동차의 매연과 각 가정에서 연소하는 연료가 대부분을 차지한다. 생활의 편리함을 위해 사용하는 것들이 다시 우리의 건강과 생명을 위협하는 요인으로 되돌아온다는 것을 생각하면 아이러니가 아닐 수 없다. 어찌 보면 현대의 딜레마일 수도 있다. 현재의 편리와 미래의 환경. 어떻게 대처해야 할 것인지에 대한 뚜렷한 대안은 없을지라도 한 가지 분명한 것은 이대로 우리의 생활 관행이 지속될 수는 없다는 것이다.

일차오염물질에는 일산화탄소, 산화유황, 질산가스 등이 있다. 이에 비해 생성 이후 대기에서 다른 분자들과 화학적 작용을 통해 새로운 분자로 합성된 오염물질들이 있는데 이들을 이차오염물질이라 한다. 이차오염물질에는 오존, 퍼록시아세틸 나이트레이트(peroxyacetyl nitrate) 그리고 연무 등이 속해 있다.

대기오염물질의 생성은 계절과 기상에 밀접하게 관계되어 있다. 또한 하루의 어느 시간대이냐에 따라 달라진다. 대도시를 예로 들어보자. 일산화탄소는 하루를 주기로 높낮이를 반복한다. 아침 출근 시간과 늦은 오후 퇴근시간에 그 최고치에 달하며 정오를 지난 이른 오후와 밤 사이에는 최저치에 이른다. 일산화탄소의 대부분이 자동차의 불완전연소에 기인하기 때문에 교통량이 많은 출퇴근시간에 높게 나타난다. 일산화탄소의 대기농도는 또한 일 년을 주기로 변화한다. 자동차의 불완전연소에 의하다 보니 역시 여름보다는 겨울에 위험 정도가 높고 증폭현상도 심한 편이다.

그렇다면 오존은 어떠할까. 오존은 일산화탄소와는 정반대의 농도변화를 보인다. 오존은 태양에 의한 이차오염물질이므로 이른 오후에 극대치에 이르며 해가 저문 밤이나 이른 새벽에 최저치에 이른다. 또한 일조량이 많은 여름과 가을에 오존의 위험성이 크며 겨울에는 상대적으로 적다.

대기오염물질에 의한 영향은 기상과도 밀접한 관계가 있다고 했는데 바람이 그 영향의 대표적인 경우이다. 바람이 많이 부는 날에는 오염물질들이 바람을 타고 이동해 발생지역으로부터 멀어지게 된다. 또한 대기오염은 습도에도 관계된다. 이산화황은 습도가 높은 날에 더욱 기승을 부린다. 반대로 건조한 날에는 대기에서 오존 합성이 활성화된다.

오염된 공기를 호흡하면서 운동할 때 인체에는 어떠한 영향이 있을까. 공기오염물질들이 일단 호흡을 통해 인체로 유입되면 주로 기관지에 그 영향을 미친다. 그러다 보니 운동강도가 강할수록 부정적인 효과가 두드러짐은 물론이다. 강한 운동일수록 호흡의 양이 많아지게 마련이고 오염물질들의 유입되는 양이 비례적으로 증가하기 때문이다. 오염물질의 인체 유입은 물질의 용해성이나 미립자 크기와 관계 있다. 코는 큰 미립자나 용해성이 높은 오염물질을 거르는 데 아주 효과적이다. 그러나 반대로 작은 미립자나 용해성이 낮은 물질을 거르는 데는 부적합하다. 코로 숨을 쉬는 것은 따라서 용해성이 상당히 높은 이산화황의 거의 전부(99.9퍼센트)를 거르기에 충분하다. 그러나 입을 통해 호흡하는 격한 운동 시에는 코의 중요한 여과장치를 이용하지 못하고 만다.[35]

오존과 같은 용해성이 낮은 기체는 기관지 여러 곳에 작용하기도 한다. 운동 시에 오존, 이산화질소 그리고 이산화황 등은 작은 기관지를 통해 허파꽈리에 영향을 미친다. 일산화탄소는 허파꽈리를 통해 혈액의 헤모글로빈과 결합하여 인체 산소운반능력을 저하시킨다. 일산화탄소는 산소에 비해 약 200배 이상에 가까운 헤모글로빈과의 결합성을 자랑하고 있다.

풀어 설명하자면 200개의 일산화탄소가 헤모글로빈과 결합을 한다면 산소는 고작 1개만이 헤모글로빈과 결합한다는 얘기다. 또한 일산화탄소는 무색, 무미, 무취이다. 우리 몸에서 일산화탄소를 감지할 수 있는 능력도 없다. 우리 몸이 축적되는 일산화탄소의 농도가 높아지는지 낮아지는지에 대한 감지를 못한다는 말이다. 일산화탄소의 싹쓸이다.

결과적으로 일산화탄소는 산소운반에 암적인 존재이며 그 밖의 공해물질들은 허파가 새로운 공기를 충분히 들이마시는 데 제한적인 요소가 되는 것이다.

그렇다면 운동을 할 때는 이러한 공해물질의 영향을 적게 받아야 할텐데, 어떠한 작전을 가지고 운동에 임해야 할 것인가? 운동 스케줄을 정함에 있어 규칙성이 우선적으로 고려되어야 한다면, 여기에 대기 오염이라는 조건을 첨가하여 스케줄을 정한다는 것은 우리의 골치를 앓게 하기에 충분하다. 물론 공기가 청정하게 유지되는 실내라면야 상관할 바가 아니겠지만 과연 이러한 시설을 제대로 갖춘 공간이 얼마나 될까. 그리고 인체활동이라는 것이 항상 실내에서만 이루어지는 것은 아님은 누구나 아는 사실이다. 그렇다 보니 현재로서 조언격으로 언급할 수 있는 운동지침은 겨울에는 낮 시간을, 여름에는 아침과 저녁 시간을 이용하는 것이 현명한 방법이라 하겠다. 일차적으로 겨울에는 일산화탄소를, 여름에는 오존을 피하기 위한 방편이다. 이차적으로는 여름의 더위와 겨울의 추위를 피하기 위한 방편일 수도 있다.

인간은 과연 오염된 공기에 적응할 수 있을까. 건강한 사람들이 오염된 공기를 흡입할 때 어떻게 적응하여 가는가에 대한 연구는 최근에 들어서야 이루어지기 시작했다. 그러나 연구의 분량이 많지 않음을 먼저 밝힌다. 실험적으로도 수월하지 않으며, 이러한 연구를 위해 참여하는 피험자들조차 많지 않음이 일부 이유일 것이다.

적은 양의 연구실적을 바탕으로 오존에 노출된 경우를 살펴보면 인간은 오존 적응이 가능한 것으로 보고되어지고 있다. 오존의 영향을

지구의 허파가 사라지고 있다. 인간이 살아가기에 절대적으로 필요한 산소를 공급하는 동남아시아의 열대우림 지역과 남아메리카 아마존의 밀림지역이 하루에도 수백 제곱미터씩 그 자취를 잃어 가고 있다. 인간은 자연생태계의 파괴가 우리들 자신에게 어떠한 영향으로 되돌아올지에 대해 아직 뼈저리게 느끼지 못하나 보다. 그러나 앞으로 머지 않은 미래에 우리는 물과 산소의 확보를 위해 전쟁을 일으킬 지도 모른다. 이산화탄소의 증가는 기후의 변화뿐 아니라 인체의 활동에도 영향을 미쳐 인간이 지금과 같은 활동을 하는 데 제약을 줄 것이 분명하다. 인간은 현재의 공기조성에 수십만 년간 적응해 왔기 때문에 공기의 오염은 인체가 여태껏 겪지 못한 새로운 환경에 노출된다는 것과 같다.

많이 받은 미국의 남부 캘리포니아의 사람들은 공기가 청정한 캐나다 지역의 사람들과 비교하여 약 3~4일 이내에 다시 오존에 대한 정상적 감각기능을 보였다. 그러나 이러한 현상이 오존에 대한 적응으로 해석 된다기보다는 오존에 무감각해진 현상으로 이해되고 있다. 따라서 오 존에 대한 방어능력을 기른 것이라기보다는 방어능력의 무력화라는 가 설이 설득력 있다.[31]

일산화탄소의 적응에 대해서는 별다른 연구가 진행되지는 않은 상태이다. 그러나 재미있는 것은 애연가에게는 일종의 일산화탄소에 대한 적응이 가능할 것이라는 것이다.

흡연의 과정에서는 담배의 연소로 인해 일산화탄소의 인체 유입 이 많다. 따라서 원치 않는 사이에 일산화탄소에 적응한다는 것이다. 실험에 의하면 흡연자가 일산화탄소를 흡입했을 때 비흡연자에 비해 상대적으로 운동 능력의 감소가 보이지 않는다는 증거들이 있기도 하 다. 이미 일산화탄소에 적응되었다는 증거이다. 그렇다고 운동능력이 향상되는 것은 아니다. 이미 흡연자들은 운동능력이 저하되어 있기에 저하의 폭이 더 이상 일어나지 않기 때문이다.

인간은 물 속에서 살 수 있을까?

인류는 자신들의 역사와 함께 추위와 더위 그리고 고지라는 환경에 적응하며 살아왔다. 그러나 지구에 존재하는 환경 중에 인간이 최후로 도전장을 내민 환경은 다름 아닌 물 속이다. 구석기 시대에도 물에 들어가 조개를 채취하거나 물고기를 잡는 활동이 있었겠으나, 기록에 의하면 인간이 본격적으로 물 속에 들어가기 시작한 것은 16세기에 이르러서이다.

인간이 물 속 깊은 곳에 오래 머물려는 시도가 다른 환경에서의 그것보다 훨씬 뒤떨어진 이유는 무엇인가. 한마디로 인간은 허파를 가진 동물이고, 물 속에서는 압력이 높아지기 때문이다. 사실 지구 표면 위에서 1기압을 넘는 장소는 물 속뿐이다. 물 속에서는 매 약 10미터를 들어감에 따라 기압이 한 단계씩 증가한다. 10미터를 잠수하면 기압은 2기압, 20미터를 들어가면 기압은 3기압이 되는 것이다. 만약 지상에서 물을 이용하지 않고 2기압으로 만들려면 갱도를 파 내려가 지하 6,000미터 아래로 들어가야 비로소 2기압이 된다. 물이 생산할 수 있는 압력은 이토록 대단하다.

인류의 최초 수중탐험은 숨을 멈추고 잠수하는 것이었을 게다. 그러다가 허파를 가지고 가중된 수압을 극복하며 수중탐험을 시도하려는 인간은 다양한 수중장비를 고안하게끔 된 것이다. 기록에 의하면 기원전 4세기쯤에 종 모양의 기구를 만들어 물 속으로 내려갔다 한다. 조금 더 진보한 종 형태의 잠수기구는 1691년에 등장하였다. 이 기구에 호스를 연결하여 수면 위에서 공기를 공급하면 이 공기를 호흡하는 잠수부는 물 속에 한동안 머물 수 있었다. 나중에는 개인용 잠수옷을 개발하여 수면 위에서 공기를 공급하면서도 이동이 편리해지게 되었다.

그러나 많은 시행착오와 변천과정을 거쳐 현재 가장 많이 사용되는 수중장비로는 개인휴대용 수중호흡장치인 스쿠버(scuba, Self-contained Underwater Breathing Apparatus)가 있다. '자신이 짊어지고 물 속에서 호흡하는 기구' 라는 뜻이다. 최초의 실용적인 스쿠버 기구는 100퍼센트 산소만으로 탱크를 채워 물 속에서는 순수한 산소만을 호흡하도록 되어 있었다. 그러나 고압의 산소는 인체 내에서 독소적 요소로 작용하여 수심 8미터를 초과하는 깊이에서는 안전하게 사용할 수 없었다. 그러다가 제2차세계대전 기간중인 1943년 두 명의 프랑스인 쿠스토(Jacques-Yves Cousteau)와 가그난(Emile Gagnan)에 의해 '아쿠아 렁(Aqua Lung)' 이 개발되었다. '수중허파' 라는 뜻이다. 이 기구는 전문인이나 여가선용을 하는 동호인들이 가장 많이 사용하고 있다. 그리고 여러 발전 단계를 거쳐 혼합기체와 포화기체를 사용하여 더욱

　　인간의 물 속에 대한 탐험 노력은 인류역사와 같이 했다고 해도 과언이 아니다. 미국의 내셔널 지오그래픽(National Geographic)사의 후원으로 베베(William Beebe)는 둥근 원형의 철제기구를 사용하여 수심 100m 아래까지 내려가는 데 성공하였다. 지금의 스쿠버 장비의 모체인 '아쿠아 렁(Aqua-Lung)'을 발명한 프랑스의 쿠스토는 '물고기를 가장 잘 관찰하기 위해서는 물고기가 되어야 한다'라는 유명한 말을 남겼다. 인간이 물고기가 될 수는 없다. 그러나 그의 말은 물 속 환경에의 적응이 물 속을 탐험하는 데 얼마나 중요한가를 잘 설명해 주는 단적인 예라 하겠다.

　우주만큼이나 우리의 호기심을 자극하는 대자연은 바로 물 속이다. 자원의 보고이자 지구의 오랜 신비를 간직하고 있는 곳이기도 하다. 그러나 인간의 호기심을 자극하는 더욱 큰 이유는 우리 곁에 오랫동안 있었음에도 우리는 아직 물 속의 신비에 대해 알고 있는 것이 거의 없다는 것 때문이다. 그리고 인간이 물 속에서 살 수 없기 때문이기도 하다. 땅 위와 비교하여 물 속에서의 압력의 증가는 우리가 극복할 수 없는 많은 부작용을 우리에게 선사한다. 인간이 생리적으로 문제없이 땅위와 물 속을 자유자재로 왕래할 수 있는 날이 올까?

깊은 곳까지 도전 가능하게끔 되고 있다.

인간에게 가장 보편적이고 오래된 잠수 습관은 숨을 멈추고 물 속에 들어가는 것인데, 인간은 이렇게 숨을 멈추고 보통 약 3미터까지는 잠수할 수 있다. 물안경이나 스노클이 있다면 시야와 잠수 그 자체를 더욱 진지하게 즐길 수도 있다. 그러나 과연 인간이 한 번의 숨으로 들어갈 수 있는 수심은 어느 정도일까. 현재 인간이 한 번의 숨으로 들어갔다가 나올 수 있는 수심은 100미터가 족히 넘는다. 그럼 허파를 가진 인간 이외의 다른 포유류는 얼마나 깊게 잠수할 수 있을까. 이제까지 발견된 것 중 가장 깊이 잠수하는 수중 포유동물은 아마도 향유고래일 것이다. 수심 1,131미터에 있는 수중케이블에 걸려 죽어 있는 향유고래가 발견된 적이 있다. 향유고래는 아마도 이보다 더 깊이 잠수할 수 있을 것으로 생각된다. 통상 웨델바다표범은 수심 약 600미터까지 한 시간 이상 잠수할 수 있다. 돌고래는 보통 150미터까지 잠수를 하지만 최대 450미터까지 잠수를 할 수 있다고 한다.

인간은 물 속에 들어가면 많은 생리적 변화와 반응을 보인다. 숨을 멈추고 잠수를 하거나 또는 이와 유사한 외부적 환경의 변화, 즉 의도적으로 숨을 멈추거나 얼굴을 물 속에 담그면, 정상적인 인간에게서는 '잠수반사(diving reflex)'가 일어난다. 인간의 잠수반사를 다른 수중 포유류와 비교해 보면 그 변화 폭이 훨씬 적기는 하지만 심박동수가 줄어들거나, 말초부위의 혈관이 수축되거나, 혈압이 오르는 등의 현상은 다른 동물들과 같다.

동물들의 경우를 잠깐 살펴보자. 물개는 잠수와 동시에 맥박수가 급격히 감소되는데, 이는 물개가 잠수를 시작하면 그들의 몸이 산소 소비를 적게 한다는 의미와도 같다. 산소 소비가 적어지는 이유는 잠수와 동시에 혈액이 뇌와 눈, 심장 그리고 호르몬을 분비하는 장기와 같은 생명 유지에 꼭 필요한 곳에만 공급되기 때문이다. 잠수가 진행되면서 산소를 계속적으로 사용하면, 결국 혈중산소농도는 줄어들고 반대로 이산화탄소의 농도는 증가한다. 혈중에 증가하는 이산화탄소는 동맥에 위치한 감지세포(chemoreceptor)를 자극하여 말초혈관을 수축시키고 심박출량을 줄여 결국 맥박수를 줄이는 것이다. 인간이 물개와 다른 점은 잠수를 하여 맥박수를 줄인다 하더라도 산소 소비량은 줄어들지 않는다는 것이다. 잠수를 하더라도 신체의 각 부위에서 산소를 소비하기 때문이다.

맥박수의 감소와 함께 물 속에서 두드러지게 변하는 생리적 현상은 체내의 수분(여기서는 주로 혈액을 말한다)이 몸통 쪽으로 이동한다는 것이다. 그 이유로는 먼저 물 속에서는 중력의 힘이 거의 사라져 다리 쪽에 쏠려 있던 혈액량이 다른 곳으로 쉽게 이동하기 때문이다. 둘째로는 수압 자체가 다리나 팔에 압력을 행사하고, 이 압력은 사지로부터 체수분을 밀쳐 내는 역할을 담당한다는 것이다. 몸통에도 수압이 작용하지 않는 것은 아니지만 가슴에는 갈비뼈라는 일종의 구조물이 있어 가슴으로 가해져 오는 수압은 어느 정도는 무마된다. 결국 사지로부터 밀린 수분은 가슴 쪽으로 이동하게 된다. 세 번째로는 주로 차가운 물에 의한 자극이다. 차갑다는 것은 중추신경을 자극하여 말초혈관을 수축시키고 여기서 압축된 혈액은 결국 가슴 쪽으로 이동하게 된다.

이렇게 몸통 쪽으로 이동한 다량의 혈액은 심장에서 또 다른 생리적 변화를 일으키게 된다. 먼저 심장은 자신에게 갑작스럽게 많아진 혈액량 때문에 심장 박동수를 줄인다. 심장에 혈액량이 많아지다 보니 한 번의 박동으로 많은 혈액을 뿜어 낼 수 있기에 여러 번 뛸 이유가 없는 것이다.

또한 많아진 혈액량은 심장을 착각하도록 한다. 몸 안에는 일정한 혈액량이 있고 단지 심장 쪽으로만 혈액이 몰렸을 뿐인데, 심장은 이것을 몸 안에 수분이 많아진 것으로 착각하는 것이다. 그러다 보니 심장은 자신이 많아졌다고 생각하는 수분의 양만큼을 몸 밖으로 배출하려는 작전을 시작하게 된다.

우심방에는 심장의 근육이 늘어나는 데 민감한 세포(stretch receptor)가 있다. 이 세포는 심장 내 유입된 다량의 혈액에 의해 심장 근육이 늘어나면 'ANP(atrial natriuretic peptide)'라는 화학물질을 분비하도록 한다.[9] 이 화학물질은 신장에 직간접적으로 작용하여 오줌을 형성하여 몸 밖으로 배출하도록 한다. 이를 '입수방뇨(immersion diuresis)'라 한다.

잠수와 관계한 그러나 약간은 그 메커니즘이 다른 방뇨현상이 있다. 추위라는 자극 자체가 방뇨를 조장하는 것이다. 우리가 경험할 수 있는 예를 들어보자. 샤워기를 틀어 놓고 찬물로 샤워를 하다 보면 누구나 소량이기는 하지만 방뇨기를 느끼고 실제 조금씩 실례(?)를 한다. 이를 '냉기 방뇨(cold diuresis)'라 한다. 이러다 보니 잠수하는 인간이 화장실에 가고 싶은 것은 자연스러운 생리적 현상이다. 수압과 추위에 의해서 말이다.

인간이 잠수를 생활화한다면 생리학적으로 어떠한 변화를 보일까. 한 번의 숨으로 잠수하는 스킨다이버들을 보자. 미 해군 병사들은 1년간의 스킨다이빙 훈련을 마치고 폐기능에 변화를 보였다. 먼저 훈련 전과 비교해 총 폐용적(lung volume)이 4퍼센트 증가하였고, 잔기량(숨을 최대한 내쉬고서도 허파 안에 아직 남아 있는 공기의 양)은 15퍼센트 감소하였다. 그리고 처음에는 26미터 깊이까지 잠수하던 병사들이 훈련 후에는 34미터까지 잠수할 수 있게 되었다.

또한 해군 병사들은 훈련 후 폐활량도 증가하였는데, 이는 숨을 들이쉬는 기능이 발달한 것에 이유가 있는 것 같다.[46] 이 기능의 발달은 우리나라의 해녀들에게서도 잘 나타난다. 해녀들은 해산물을 채취하고 수면으로 부상하여 숨을 고르는 과정에서 머리만 수면 위로 내놓는데, 이때 숨을 들이쉬기 위해서 가슴과 복부의 근육이 남달리 발달한 것이다. 수압을 이기며 들이쉬어야 하기 때문이다. 이와 반대로 숨을 내쉴 때 사용하는 근육은 보통사람과 차이가 없었다.[47]

잠수는 이산화탄소에 대한 감각의 변화를 일으키기도 한다. 물 속에서 숨을 오래 멈추고 있노라면 허파에는 이산화탄소의 농도가 증가하고 상대적으로 산소의 농도가 줄어든다. 이럴 때 보통 우리는 '숨이

차다' 라든가 '가슴이 답답하다' 라는 식으로 우리의 느낌을 표현하는데, 바로 이러한 느낌은 인체에 이산화탄소의 농도가 증가하기 때문이다. 그러나 스킨다이빙의 경력이 많은 사람일수록 허파 속에 과다한 이산화탄소의 축적이 그들로 하여금 큰 답답함을 느끼지 않게 한다. 그래서 한 번의 숨으로도 오랜 잠수를 유지할 수 있는 것이다.

인간이 물 속에 적응하는 과정 중에 아직도 극복할 수 없는 생리적 한계는 바로 수압이다. 장비의 발달은 좀더 깊고 좀더 오래 잠수를 즐길 수 있도록 하지만 수압에 의한 압력의 증가는 인체에 많은 문제를 선사한다. 1기압의 환경에서 진화해 온 인간으로서는 압력의 증가가 산소의 공급과 기체의 혈중 농도를 변화시켜, 특히 수면으로 부상할 때 많은 사고를 야기시킨다. 우리가 흔히들 얘기하는 잠수와 관계된 병들 (oxygen poisoning, inert gas narcosis, high pressure nervous syndrome, decompression sickness)이 모두 수압의 변화에 따른 문제인 것을 보면 알 수 있듯이 말이다. 인간이 물 속에 살 수 있는 날은 바로 수압에 적응하는 날이다.

만약 우주에서 아기가 태어난 다면?

공상과학 영화의 대표적인 배경은 우주다. 우주선은 빛의 속도보다 훨씬 빠르게 날고, 그 안에는 거의 항상 인간과 외계인이 동승한다. 미래에도 정의라는 것이 존재하는지, 선을 지키려는 좋은 놈들은 우주를 정복하려는 나쁜 놈들과 전쟁을 벌인다. 이야기를 진행시키려면 선한 놈들은 항시 열세이다. 우주선도 작고 인원도 부족하고. 그래도 이긴다. 적의 약점을 잘 간파하여 쳐부수는 것이다.

우주에서는 자주 광선을 이용한 전투를 벌인다. '피~웅 피~웅' 두 줄기 빨간 광선들이 교차하며 우주 공간을 지나다닌다. 광선총에 적중한 우주선은 '꽝' 하는 굉음과 함께 화염에 싸여 터져 버린다. 그런데 가만 있어 보자. 과연 우주에서는 소리가 들릴까. 천만의 말씀! 우주에서는 소리가 들릴 리 만무하다. 소리를 전달할 매체이자 인간의 청각력을 가능케 하는 공기가 없기 때문이다. 그리고 광선총에 맞아 터지는 우주선도 불빛을 발하기가 쉽지 않다. 연소를 가능하게 하

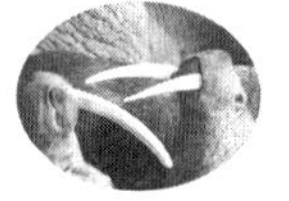

는 산소가 없기 때문이다. 한 번 터지면 파편은 계속적으로 빠르게 날아다닌다. 뉴턴의 3법칙의 하나인 관성 때문이다.

　이렇듯 우리는 우주공상과학 영화를 보면서 여러 가지 효과음에 현혹된다. 거기까지 좋다. 어차피 영화니까. 그러나 우주에서 태어나 살아온 인간의 모습도 우리와 똑같다. 이것 역시 영화니까 가능하다. 무슨 상관이랴. 그러나 이러한 인간의 모습이 우주에서 오래 살아온 우리의 미래 모습이라고 단정하지는 말아야 한다. 우주에서의 인간의 모습은 지금의 우리가 아닌 것은 분명하니까.

　우주에 대한 설렘을 느껴 본 사람이라면 한번쯤은 우주선에 탑승한 자신의 모습을 상상해 봤으리라. 우주선 창 밖으로 내다보이는 파란 지구, 우주복을 입고 우주를 유영하는 나, 생각해 보면 그만큼 스릴 넘치는 것이 또 있을까. 그런데 상상만큼 쉬울까. 생각해 보자. 우주에서 샤워를 할 수 있을지, 잠은 잘 잘 수 있을지, 화장실 볼일은 어떻게 하는 것인지, 운동은 가능한지.

　우리가 화성에 간다고 상상해 보자. 현재 우주공학의 기술로도 수년 이상을 날아가야 갈 수 있는 화성이다. 그러다 보니 우주선의 폐쇄된 공간 안에서 자체적으로 생명 유지를 위한 환경을 조성해야 한다. 모든 것이 거의 재활용되어야 한다. 선실에는 공기 청정을 위해 미세먼지와 유해 기체를 거르는 기능도 있어야 한다. 그런데 공기가 완전히 청정하다 하더라도 어디서나 존재할 수 있는 것이 또 세균이다. 특히 무중력 상태에서 시간이 경과함에 따라 세균들은 유전적 변이를 거쳐 새로운 형태의 박테리아로 변신할 수도 있다. 이 박테리아는 인간이 여태껏 지구에서 경험해 보지 못한 신종이다. 이 병원 인자 하나가 날뛰는 날에는 우주선 안에 탑승한 우주인은 모두 끝이다.

위험 요소는 이것뿐 아니다. 치명적인 태양 방사에너지로부터 심리적으로 신경과민이나 우울증까지 인간을 시달리게 할 수 있는 요소는 다분하다. 매일 똑같은 좁은 공간 안에서 생활해야 하고 지구에 있는 친구들로부터 멀리 떨어져 무료하기 짝이 없을 게다. 포장마차에 갈 수도, 카페에 앉아 운치 있게 커피 한잔 할 수도 없다. 지구는 수십만, 아니 수백만 킬로미터 떨어져 있다.

분열 이전의 소련에서는 매년 약 15명의 우주비행사를 우주에 보냈다. 그리고 그들은 인간을 오랜 동안 우주에 머물게끔 하였다. 물론 화성 왕복이라는 목표를 염두에 둔 이유 때문이었다. 이미 1970년대 말에 인간을 3개월 이상 우주에 머물게끔 하였고 1984년에는 3명의 '코스모넛(Cosmonaut, 우주비행사)'이 샬류트(Salyut) 7호 우주정거장에서 237일의 우주 여행을 마치고 돌아왔다. 1987년에 로마넨코(Yuri Romanenko)는 그해 한 해(326일간)를 우주에서 보냈다. 구 소련은 이런 우주 프로그램을 통해 많은 과학적 정보를 얻었지만 부작용도 만만치 않았다.

몇 달 동안의 우주여행 뒤 지구로 돌아온 우주비행사들은 캡슐로부터 의자에 실려 나와야만 했다. 만약이라는 차원에서이기도 하였지만 그들은 최소 며칠 동안 지구 땅위에서 제대로 걸을 수 없기 때문이다. 중력을 한동안 느끼지 못한 우주비행사들의 전형적인 모습이다.

중력이란 지구 생활에서 항시 극복해야 하는 물리적인 힘이다. 인간으로서 우리는 일생의 3분의 2 이상의 시간을 서 있거나 앉아서 생활한다. 항시 중력을 상대로 싸워야 한다는 얘기다. 그런데 중력이 사라진다면 인체는 엄청난 변화를 겪게 된다. 무게를 느끼지 못 하게 되고 둥둥 떠다닐 것이다. 그리고 계단을 오를 때 사용되는 에너지는 더 이상 필요하지 않게 된다.

무중력에서 인간이 맨 먼저 겪어야만 하는 생리적 변화는 우리 몸 안에 있는 수분의 이동이다. 지구 위에서는 서 있는 동안 중력의 힘 때문에 많은 양의 수분이 다리 쪽으로 몰리는데, 무중력에서는 더 이상 그럴 필요가 없는 것이다. 그래서 몸 안의 수분은 신체 각 부위에 골고루 퍼지게 된다. 우주선실로부터 화상을 통해 지구의 본부와 연락을 통하는 우주비행사들의 얼굴과 목이 퉁퉁 부어 보이는 것도 이 때문이다. 더러는 필요 이상의 수분이 얼굴로 쏠려 주름살이 펴지고 눈이 튀어나와 보이기도 한다.

우리는 사실 대부분의 혈액이 다리 쪽으로 쏠려 있다는 것을 느끼지 못한다. 그러나 중력이 혈액을 아래로 끌어당기는 힘이 얼마나 강한가는 간단한 실험으로 알아 볼 수 있다. 우리가 물구나무서기를 해보면서 있을 때와 차이가 난다는 것을 금세 알아챌 수 있다. 물구나무서기를 한 지 단 오륙 초 내에 얼굴이 불거지는 것이다. 그리고 시간이 지나면 지날수록 눈이 충혈되고 튀어나오는 느낌까지 받는다. 심하면 목에

핏줄이 서기도 한다. 물구나무서기 말고 더 쉬운 방법도 있다. 한쪽 팔을 높이 들어보자. 한 십 초 정도 들고 있다가 올렸던 팔을 재빠르게 내려 올리지 않은 팔의 손등과 함께 손등끼리 비교해 본다. 올렸던 팔의 손등은 하얗게 변해 있는 반면에 올리지 않았던 팔의 손등은 붉은 색을 띠고 핏줄도 툭 튀어나온 상태이다. 중력의 힘은 이렇게 우리 몸 안의 수분을 항시 끌어당기고 있는 것이다.

무중력에서 몸통으로 쏠린 대량의 수분은 인체에 변화를 부른다. 단지 몸 안의 수분이 이동하였을 뿐인데도 심장은 자신이 너무 많은 혈액을 가졌다고 착각하고 이를 몸 밖으로 내보내도록 명령한다. 결국 화장실에서 작은 '볼일'을 보게끔 한다.

심장 얘기를 하나 더하자. 혈액순환을 담당하는 펌프격인 심장은 어떻게 변할까. 심장은 중력을 이기기 위해 힘차게 뛰어야만 하는 지구에서의 심장이 더 이상 아닐 것임에 분명하다. 가벼운 수축으로도 혈액을 우리 몸 구석구석까지 보낼 수 있기 때문에 강한 심장은 더 이상 필요치 않다. 더불어서 혈액의 원활한 공급을 위해 유지되어야 하는 혈압도 지구에서만큼 필요치 않다. 결국 무중력에서 인간의 심장은 그 크기나 수축력이 줄어들고 만다.

사실 무중력에서 짧은 시간 동안 머문다는 것은 그리 심각한 문제를 야기시키지는 않는다. 그러나 장시간 머물게 된다면 애기는 달라진다. 장기간 중력의 영향을 받지 않는 경우에 발생하는 가장 큰 문제는 뼈와 근육의 퇴화다. 여기서 뼈의 퇴화란 밀도가 떨어지는(물러지는) 것

　우주에서 가장 신나는 일은 지구중력의 소멸로 모든 사물이 둥둥 떠다닌다는 것이다. 그러나 이것이 흥미로운 현상으로 여겨질 수만은 없다. 중력의 힘이 우리 인체에서 사라진다는 것은 바로 우리 인체의 생리학적 현상에 무지막지한 변화를 동반하기 때문이다. 우주에서 인간의 체력은 급격히 떨어지며 동시에 근육의 퇴화가 가속화된다. 뼈의 무게도 줄어들며 각종 운동신경과 면역능력이 떨어진다. 우리가 알고 있는 인간의 형태 또한 각 신체부위의 이용 가치와 필요성에 따라 변화할 것임에 분명하다. 우주여행이 재미있을 수만은 없으며 이러한 문제에 대한 대안과 이해가 뒤따르지 않는 우주여행은 위험하기 짝이 없을 것이다.

을 말하고, 근육의 퇴화란 가늘어진다는 것을 말한다. 지구에서도 이러한 현상을 찾아보기는 어렵지 않다. 역기를 들어올리는 사람들보다 마라톤 선수의 뼈가 가볍고 약한 것과 같다. 즉, 필요하지 않다면 튼튼하고 무겁게 발달할 이유가 없다는 것이다. 무중력에서 인간의 뼈는 그래서 얇고 가벼워진다.

과학자들의 계산으로는 무중력에서 뼈의 밀도는 한 달에 0.5퍼센트씩 줄어든다고 한다. 뼈는 무게가 감소하면서 그 속의 미네랄 함량이 4분의 1 이상 줄어들 때 부러지기 쉽다. 그리고 이 정도로 줄어드는 데는 무중력에서 약 5년이라는 시간이 소요된다고 한다. 그리고 뼈의 무게가 계속적으로 약 1년 이상 줄어들면 그 효과를 다시 되돌릴 수 없다 한다. 다시는 본래 가지고 있던 뼈의 무게로 되돌아갈 수 없다는 말이다.

뼈의 무게가 줄어들면 또 다른 건강문제가 생긴다. 뼈는 무게를 잃어 가며 다량의 칼슘을 배출하는데, 이 칼슘은 오줌을 통해 나오게 된다. 이 과정 동안 오줌을 거르는 신장에서 칼슘은 결정체로 남아 신장 결석을 유발하기도 한다. 우주에서 신장 결석을 앓는다고 생각하면 끔찍하다.

이제 근육 얘기로 넘어가 보자. 지구에서 인간의 다리는 인체 동작을 만드는 가장 중요한 부위다. 그러나 무중력에서는 다르다. 무중력에서 다리의 용도는 최소화될 것이다. 나무를 타는 동물들은 나뭇가지를 감싸 쥐고 위치를 고정하거나 이동 시 자신을 안전하게 확보하는 데 자신의 발을 사용한다. 인간도 이와 마찬가지로 자신의 몸을 한 곳에 고정시키는 단순 기능에만 다리를 사용할 것이다. 그리고 가끔씩 한 지점에서 다른 지점으로 이동하기 위해 발로 슬쩍 미는 동작만을 할 것이다. 지구 위에서 걷는 것에 비교한다면 거의 운동량이 필요 없을 동작이다. 반대로 팔은 지구에서와 마찬가지로 자주 사용될 것이다. 대부분의 작업은 손으로 이루어질 테니까. 그러나 무게를 역시 느끼지 않기 때문에 팔 근육이 두꺼워질 이유는 없다. 무중력에서 근육의 퇴화는 불 보듯 뻔한 것이다.

근육의 사용이 적어지고 무게에 대한 자극이 없어진다면, 관절을 움직이는 데에 필요한 인대와 건(腱), 뼈와 뼈 사이의 연골조직 등도 함께 퇴화할 것이다. 그리고 근육의 반사신경이나 근육과 근육 사이의 협응성도 점차 그 기능이 쇠퇴할 것이다.

만약 우주에서 인공적으로 중력을 만들 수 있다면 우리는 이러한 문제점들을 해결할 수 있을까. 원심력을 이용한다면 지구에서의 중력과도 같은 힘을 발생시킬 수 있을 것이다.

영화 「2001 : 스페이스 오딧세이(2001 : Space Odyssey)」를 보면 그 예를 볼 수 있다. 그러나 이것도 공학적으로나 생리학적으로 만만치 않은 도전이다. 우주정거장을 돌리고 세우려면 연료가 필요할 것이다. 우주정거장을 돌리거나 세우면서 흔들거릴 수도 있다. 직경이 상당히 길어야 할 것이고 빙빙 도는 우주선으로 인해 어지러움을 느낄 수도 있을 것이다.

우주에 올라가 본 적이 없는 우리들로서는 모를 일이지만 우주의 무중력을 경험한 사람들의 반 수 정도는 처음 하루 이틀 동안 배멀미와 같은 구토 증세를 경험했다고 한다. 식욕도 없어지고 현기증을 느끼기까지 한다고 한다. 그러나 무중력에서 어떤 이에게 이러한 신체적 이상 증세가 나타날 것인가를 예상할 수 있는 방법은 없다 한다.

전정기능(vestibular function) 또한 이상을 느낀다. 전정기관은 직선이나 회전에 따른 움직임의 관성을 감지하는 기관이다. 이 전정기관에 가장 큰 영향을 미치는 힘 역시 중력임은 두말할 나위가 없다. 그러다 보니 전정기관에 의해 조절되는 신체의 평형감각과 눈의 고정(oculomotor reflexes)에 혼동이 오게 된다. 눈을 감으면 빙빙 도는 느낌을 받는다. 인간의 평형감각을 감지하는 안쪽귀(internal ear)의 세반고리관이 무중력에서는 아래위를 구별하지 못하기 때문이다. 자세에 대한 인식에 혼란이 오고 회전, 어지러움, 멀미 등을 느끼는 것은 당연하다.

뜨끔한 얘기 하나 해보자. 지금까지는, 지구에서 성장한 인간이 무중력을 경험한 상태에 대해 설명하였다. 그런데 만약 우주에서 한 여성이 아기를 낳아 기른다고 상상해 보자. 과연 새로 태어난 아기가 지구에서 보아 온 인간의 형상으로 자랄 수 있을까. 아기의 척추가 우리가 말하는 정상적인 S자 형태를 유지할 리는 만무하다. 인간이 직립하면서 지구 중력에 대항하여 발달한 척추의 완충기능이 더 이상 필요하지 않을 테니까. 그들은 허리 디스크를 걱정할 필요가 없을 것이며 중력으로 인한 압력이 없음으로 해서 키도 더 클 여지가 있다. 우주에서 발달한 인체의 형상이 어떨지는 아무도 모를 일이다. 지금의 우리와 같은 형상이 아니라는 것 이외에는. 하느님은 진흙으로 자신의 형상과 같은 인간을 만드셨다고 했다. 그러나 그 모습은 지구에서만 해당되는 모습이다.

우주에서는 소리가 안 들린다. 우주에서 살아가는 인간의 모습도 지금의 모습은 아니다.

무중력 에서 즐길 스포츠를 개발하 자

마이클 조던에 대한 우리의 감탄사는 그의 신기에 가까운 몸놀림과 누구도 상상할 수 없는 기묘한 공 다루는 솜씨 때문이다. 펠레가 일명 바나나 킥이라는 휘는 공으로 코너킥을 골로 연결시키는 순간 우리는 우리의 눈을 의심하지 않을 수 없었다.

찬호의 드롭볼(drop ball)에 맥과이어의 헛 스윙을 보고 있노라면 어떻게 저렇게 야구공이 갑자기 떨어질 수 있을까 하는 궁금증을 불러일으킨다. 이뿐 아니다. 스포츠에서 인간과 물체가 어울려 한바탕 경기를 치를 때면 스포츠광이 아니라도 누구나 진기한 플레이와 그 플레이가 그 경기에서 가지고 있는 중요성에 놀라기까지 한다. 그런데 이러한 스포츠 경기의 감칠맛 나는 묘미는 지구라는 환경이 가능하게 해주는 것이다.

중력 없이는 모든 것이 허사이다. 마이클의 에어쇼도, 펠레의 바나나 킥도, 찬호의 드롭도 없다. 모두 중력이 선사한 선물들이기 때문이다. 무중력에서는 지구에서의 스포츠를 즐길 수 없다. 더군다나 인간의 체력은

날로 쇠퇴해 가기만 한다. 뼈는 물러지고 근육은 가늘어진다. 어떻게 해서든 이를 방지해야 할텐데.

과학자들은 무중력에서 인체의 쇠퇴를 방지하기 위한, 어쩌면 유일한 한 방편으로 운동을 도입하였다. 과학자들이 이해하는 운동의 효과는 먼저 뼈의 형체와 강도 그리고 근육이 무게를 유지하도록 하는 데 있다. 그러나 무중력에서의 운동은 지구 위에서의 운동과는 다른 형태로 이루어진다. 무게가 느껴지지 않기 때문에 아령 들기와 같은 운동은 할 수 없다. 그래서 과학자들은 무게가 아닌 저항을 이용한 운동을 고안해야만 했다. 그들이 생각해 낸 것은 자전거 타기인데, 벨트로 자전거의 바퀴에 저항을 일으키는 원리를 이용하였다. 우리가 헬스센터에서 흔히들 볼 수 있는 운동용 자전거를 생각하면 비슷할 것이다. 또는 고무줄을 어깨, 허리, 다리에 묶어 달리는 트레드밀 등도 있다.

그러나 이러한 방법들이 완벽한 것은 아니다. 지구에서의 운동과 비교해 무중력에서 걷기나 뛰기를 할 때는 대사량이 약 50퍼센트까지 줄어든다는 연구보고가 있기 때문이다.[7] 만약 효율면에서 볼 때 이것이 사실이라면, 무중력에서 자신이 가장 힘들게 운동을 하였다 하더라도 그것은 땅위에서의 반 정도밖에 되지 않는 운동을 하였다는 얘기인 것이다. 그러다 보니 무중력에서 하루 3시간 이상의 운동을 한들 쇠퇴하는 모든 인체 기능을 막지는 못 할 것이다.

무중력에서의 운동은 역학(biomechanics)적인 측면에서도 변화를 불러온다. 기본적으로 무중력에서는 걷거나 뛸 때 다리에 하중을 느끼지 않는다. 그래서 다리가 하중을 느끼게끔 트레드밀 위에서 고무줄의 장력을 이용하는 것인데, 이 방법이 인간의 동작을 부자연스럽게 하는 것이다. 지구에서 달릴 때는 두 발이 함께 공중에 떠 있는 순간이 있지만, 고무줄을 이용한 트레드밀 위를 달리자면 최소한 한 발이 트레드밀 위에 놓여야 하기 때문이다. 지구에서는 또한 걷기나 뛰기의 경우 발의 뒤꿈치가 먼저 닿는 데 비해 무중력에서는 발가락 끝이 먼저 닿는다.

중력의 상실은 인간이 지구 위에서 행하던 활동의 유형을 완전히 다른 각도로 보게끔 한다. 땅위에서 걷는 것처럼 걸을 수도 없으며 웨이트운동과 같은 근력운동도 지구에서처럼 실시할 수 없다. 미 항공우주국 나사(NASA)에서는 이러한 제한점을 극복하고자 갖가지 운동방법을 개발하고 있다. 그러나 아직 지구에서만큼의 효과적인 체력단련법은 제시되고 있지 않는 것이 현실이다. 한 가지 방법으로는 사진에서와 같이 몸에 스프링이나 고무줄을 묶어 활동하는 것인데, 장력을 이용한 근육단련법이다.

결국 무중력에서는 운동으로 어느 정도의 효과를 얻을 수 있을지 모르나 지구에서 필요로 하는 효율적인 동작 기능이 상실되는 것을 막지는 못할 것으로 보인다.

우주에서는 인체의 체온 조절 기능도 도전을 받는다. 무중력에서는 땀의 증발이 적을 뿐 아니라 땀이 아래로 흘러내리지 않는다. 땀이 흘러내리지 않고 피부 위에 머물러 있다 보니 뒤따라 나오는 땀이 수월하게 배출되지 않아 땀의 양이 줄어들기까지 한다. 게다가 무중력에서는 체액의 균형을 유지하기 위해 혈액량이 감소하는데, 이로 인하여 땀의 방출이 쉽지 않다. 따라서 체온의 상승이 지구에서보다 빠르게 진행될 수밖에 없다. 이러한 무중력에서의 체온 유지 기능의 한계를 극복하기 위해 우주선 안에서는 공기의 흐름을 빨리하여 증발이 빨리 일어나도록 유도하고 있다.

우주에 일정 기간 머물렀던 인간이 지구로 귀환하면 그들에게는 어떠한 육체적인 변화가 뒤따를까? 먼저 근육신경계를 살펴보자. 지구로 귀환한 우주인이 우주로 떠나기 전과 같은 힘을 발휘하기 위해서는 더욱 많은 근섬유가 수축에 동원되어야 한다고 한다. 같은 무게인데도 물체를 들어 올리는 데 우주여행 전에 비교해 더욱 무겁게 느끼는 것이다. 또한 근전도(electromyography) 검사는 우주여행 전과 비교해 높은 주파수를 나타내는 근육들이 상대적으로 많이 사용되었다는 결과를 보였다. 근육이 수축할 때는 근육마다 특징적인 일종의 주파수를 나타내는데, 높은 주파수를 보이는 근육은 빠르게 수축하는 속근(fast twitch fiber)의 활동 상태를 의미하는 것이다. 즉 무중력은 이 속근을 많이 사용하게끔 유도한다는 것이다. 속근을 많이 사용한다는 것은 근육활동이 비효율적으로 변한다는 증거이기도 하다. 재미있는 것은 다리의 근육신경계가 팔의 그것에 비해 상대적으로 빠른 속도로 퇴화한다는 것이다. 이미 설명하였듯이 우주선 안에서는 팔의 동작이 많은 데 비해 다리는 거의 사용 안 한다는 데 그 이유가 있다. 그만큼 우리는 지구에서 우리의 다리를 혹사시키고 있는지도 모른다.

지구로 귀환한 우주인은 또 평형감각에 문제를 보인다. 한 예로 그들이 지구로 귀환한 후에는 직립하여 서 있는 것마저도 힘들다. 무게중심이 불안정하기 때문이다. 똑바로 서 있으려 해도 신체가 좌우 전후로 움직이는 범위가 커지고 또한 바로 서려는 동작도 느려진다. 경우에 따라서는 우주에서 바로 돌아온 후에 서 있기조차 힘들어 근육통을 호소하기도 하고 마치 온몸에 무거운 추를 달아 놓은 듯한 느낌을 받는다고들 한다.

귀환한 우주선에서 내린 우주인들은 걷는 모습이 마치 원숭이와도 같이 우스꽝스러워진다. 귀환 후 처음 며칠 동안은 앞으로 내딛는 다리의 무릎이 보통 사람들처럼 올라가지 않아 다리를 앞으로 들이미는 식으로 걷는다. 상체는 곧추 세운 것이 아니라 앞으로 약간 구부정한 자세를 유지한다. 당연히 멀리뛰기와 높이뛰기의 거리와 높이도 줄어들고 만다.

귀환한 우주인들에게 누웠다가 갑자기 일어서게 하는 실험을 해

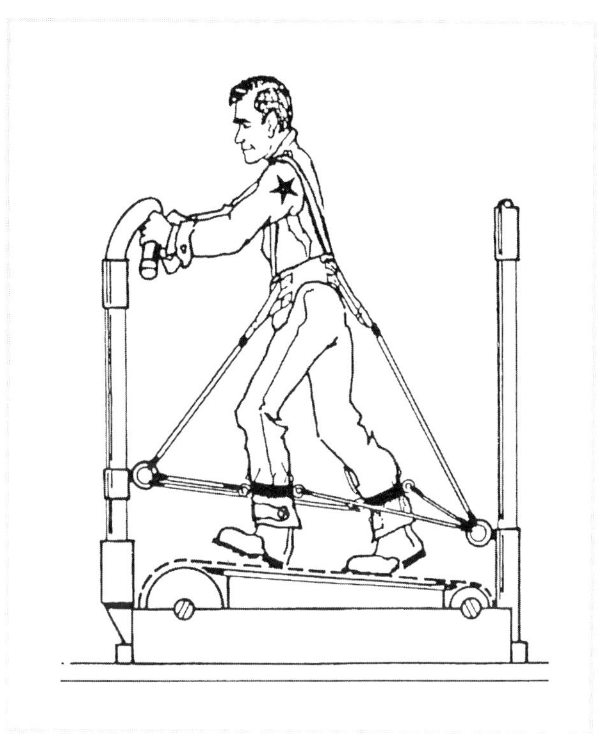

위 그림은 소련이 개발한 우주에서 사용하는 러닝머신이다. 허리와 발목에 고무벨트를 묶어 장력을 느끼도록 고안되었는데, 수직으로 약 50킬로그램의 힘을 받도록 되어 있다. 이외에도 무중력에서 사용할 수 있는 기구로는 바퀴를 벨트로 조여 저항을 일으키는 자전거 에르고미터, 스프링을 이용한 엑스 밴드, 그리고 의복에 고무줄을 부착하여 항시 몸을 당기는 힘을 이기도록 하는 펭귄옷(penguin suit)도 있다. 때로는 물리치료에 사용하는 전기자극으로 근육을 긴장시켜 근육의 퇴화를 막기도 한다.

보면 그들의 혈압이 불안정하다는 것을 알 수 있다. 이러한 불안정한 혈압은 얼마 동안 우주여행을 하였는가와 상관없이 모든 우주인에게 공통적으로 나타난다. 이러한 현상이 왜 일어나는지에 대해서는 정확한 원인 규명이 되고 있지 않지만 무중력으로 인한 혈액량의 손실, 운동부족 그리고 신경계의 쇠퇴와 밀접한 관계가 있으리라고 추측될 뿐이다.

지구에서 인간의 육체적 활동은 우리를 지금의 우리로 만들었다. 그러나 인간의 동작과 활동은 우리 의사에 의해 결정되었던 것이 아니고 철저하게 지구라는 환경에 적합하도록 짜여져 있을 뿐이다. 특히 인체의 움직임을 많이 필요로 하는 각 스포츠에서 인간이 자연환경의 한계를 교묘하게 이용하는 것을 보면 우리는 감탄을 금치 못하곤 한다. 운동 그 자체가 인간에게 주는 생리학적인 이점이 있기도 하지만 그리고 어쩌면 이 이점이 운동을 하는 가장 중요한 이유인지도 모르지만, 우리가 운동에 참가하는 또 하나의 이유는 바로 재미있기 때문이다.

인체의 쇠퇴가 급격히 진행되는 무중력에서 이를 극복할 수 있는 효율적이면서도 흥미 있는 운동방법 또는 스포츠를 개발할 필요가 있지 않을까 한다. 물론 먼 미래의 이야기를 미리 다투어 언급하는 느낌이 없지 않아 있기는 하지만, 그리 먼 미래의 얘기도 아닐 성싶다.

뜨거운 햇볕은 피하자

최근에는 공기오염과 지구온난화 현상이 복합적으로 지구의 대기를 위협하고 있다. 특히 여름철에는 오존주의보까지 내려 그렇지 않아도 더위에 짜증스러운 우리를 긴장하게 만들곤 한다. 얼마 전에는 자외선주의보까지 나왔으니 이제 앞으로는 무슨 주의보가 또 나올 것인가 자못 궁금하다.

자외선의 영향으로부터 우리는 어떻게 우리 자신을 보호하고 있는가. 흔히들 자외선의 침투로부터 피부를 보호하기 위해 '선스크린(sun screen, 주로 선텐오일이라고 하는 것)'을 사용한다. '선스크린'은 자외선으로부터 피부를 보호할 뿐 아니라 그 화학적 조성의 강약에 따라 우리의 피부를 원하는 색으로 그을리도록 하는 데도 사용된다.

피부를 얼마만큼 태우느냐 하는 것은 선스크린의 SPF(Sunscreen Protection Factor) 지수로 예견되어진다. 시중에서 선텐오일을 구입하면 용기에서 이 지수를 발견할 수 있다. SPF 지수는, 선스크린을 사용하여 자외선을 차단한 피부와 그렇지 않고 그대로 햇

Cosmic Rays	Gamma Rays	X-Rays	Vacuum UV	UV-C	UV-B	UV-A	Visible Light (Little biological activity)	Near Middle Far INFRARED (radiant heat)	Microwaves	Radiowaves
				'germicidal'	ULTRAVIOLET	'black light'				

전자장 분광상(分光像)

  태양의 방사는 짧은 파장으로 고에너지를 소유한 '코스믹 레이(cosmic-ray)'에
서부터 저에너지의 라디오 파장(radio wave)까지 다양한 전자장 분광상
(electromagnetic spectrum)으로 이루어져 있다. 그중 대부분의 유해한 방사는 지
구의 해발 약 15~35킬로미터 위를 두르고 있는 오존층에 의해 흡수된다. 그리고
지구표면에 도달하는 방사 중 약 10퍼센트는 UVR(untra violet ray)로 이루어지는
데 이중 약 90퍼센트는 UVA 그리고 10퍼센트는 UVB이다. 현재 우리의 피부를
태우는 선은 주로 UVB인 것이다. 오존층의 파괴는 피부에 유해한 UVB를 걸러 주
지 못함으로써 인간의 태양방사에 대한 위험을 가중시키는 역할을 한다.

볕에 노출시킨 피부를 비교하여, 두 조건에서 최소한의 홍반
(erythema, 모세혈관의 울혈에 의해 피부가 적색으로 변하는 상태)이 발생
하는 시간을 비율로 계산한 숫자이다.

  거두절미하고, 결과적으로는 선스크린의 SPF 지수가 높을수록
햇볕을 잘 차단하고, SPF 지수가 낮을수록 차단율이 낮다. 즉 SPF 지
수가 높은 선스크린을 피부에 바르면 햇볕에 잘 타지 않고 지수가 낮은
선스크린을 사용하면 햇볕에 잘 타게 되는 것이다.

  그럼 SPF 지수는 어떻게 결정되는 것일까. 먼저 빛을 차단하는
은박지를 사용하여 평소 햇빛에 잘 노출되어 있지 않은 피부 부위(주로
엉덩이나 아래허리)를 덮는다. 그리고 일정 시간 간격으로 1제곱센티미

터 면적의 은박을 제거하며 연속적으로 피부를 UVB에 노출시킨다. 그리고 나서 각 1제곱센티미터 면적의 피부에 홍반이 생성되었나를 평가하고는 최초로 홍반이 생성된 시간을 알아낸다.

24시간 후, 선스크린을 2mg/㎠ 또는 2μ/㎠ 사용하여 피부에 골고루 바른다. 그리고 15분간 건조시킨 후 선스크린을 바른 부위를 빛에 노출시키는데, 이때 시간의 절약을 위해 미리 분광측광법(Spectrophotometry)에 의해 예측되는 SPF 지수에 상응하는 시간 동안 노출시킨다. 이들은 다시 하루 뒤 실험실로 돌아와 피부를 검사받게 되는데, 선스크린에 의해 보호된 피부가 UVB에 의해 언제 최소한의 홍반을 보이는가를 알아보기 위해서이다. SPF 지수는 선스크린으로 보호된 피부가 홍반을 형성하는 시간과, 보호되지 않은 피부가 홍반을 형성하는 시간을 비율로 계산하여 나타낸 수치인 것이다. 따라서 만약에 SPF 지수 15를 사용한 피부를 보호받지 않은 피부와 같은 정도로 태우려면 약 15배의 시간이 필요한 것과 같다.

그럼 SPF 지수 15를 피부에 바르면 안 바른 때와 비교해 실제로 15배의 차단 효과가 있을까. 꼭 그렇지는 않다. 그 이유로는 실제로 일반인들이 피부에 바르는 선스크린의 양은 실험에 사용되는 2mg/㎠의 약 4분의 3에 해당하는 1.5mg/㎠ 정도밖에 안 되기 때문이다. 따라서 우리가 알고 사용하는 선스크린의 SPF 지수에 못 미치는 효과를 보는 것이다.

그러면 우리나라 사람에게는 어느 지수의 선스크린이 적당할까.

물론 살결을 태우는 데에도 선호도가 다르니 여기에 맞게 지수가 결정되어야 할 것이다. 그러나 햇볕에 자주 노출되어야 하는 사람들이라면 자외선으로부터 피부를 보호하는 최소한의 방편을 취해야 할 것이니 이때 필요한 선스크린의 지수를 적당한 수준으로 정의하기로 하자.

적정 지수를 선정하기 위해서는 일단 피부의 유형을 알아야 한다. 인간의 피부 유형은 크게 I 에서 VI까지 구분한다. 피부 유형 I 은 햇볕에 노출되는 경우 항상 화상을 입으며 검게 그을리지 않은 특징을 가진 피부를 말한다. 주로 푸른 눈과 백색의 피부를 가진 셀틱(Celtic)이나 아이리쉬(Irish)가 이런 피부를 가지고 있다. 반대로 피부 유형 VI은 햇볕에 화상을 입는 경우가 없고 약간의 햇볕에도 검게 착색되는 피부를 말하며 흑인들이 여기에 속한다. 우리나라 사람의 피부는 피부 유형 IV로 구분되어진다. 우리의 피부는 화상을 거의 입지 않고 잘 검어지는 것이 특징이다. 이러한 특성의 피부는 보통 날에는 약 SPF 지수 6~8을, 야외에서 활동할 때는 SPF 지수 15를 사용하는 것이 바람직하다. 만약 피부를 더욱 철저하게 보호하고 싶다면 SPF 지수가 높은 제품을 사용할 수 있을 것이다. 그러나 지수가 높아질수록 그 효과가 계속 상승하는 것은 아니다. 지수 30 이상의 선스크린은 단지 1퍼센트 정도의 상승효과를 보일 뿐이기 때문이다.

선스크린의 성능은 SPF 지수로만 결정되는 것은 아니다. 선스크린을 바른 후에 반복적으로 물 속에 들어가거나 땀을 흘릴 때에도 선스크린에 표시된 SPF 지수가 계속적으로 유효한가 하는 견고성 또한 중

피부유형과 SPF 권장 지수

유형	특징	보기	보통 날	야외
I	항상 화상입고 검게 되지 않음	celtic, irish, 푸른 눈, 빨강머리	15	25-30 (water proof)
II	쉽게 화상입고 약간 검어짐	흰 피부색에 주로 금발	12-15	25-30 (water proof)
III	가끔 화상입고 알맞게 검어짐	대부분의 백인	8-10	15 (water proof)
IV	적게 화상입고 잘 검어짐	스페인계통 또는 동양인	6-8	15 (water proof)
V	거의 화상 없고 많이 탐	중동지역 사람, 인디안	6-8	15 (water proof)
VI	절대 화상 없고 검게 착색됨	흑인	6-8	15 (water proof)

요하다. 미국식품의약국(FDA)에 따르면, 20분 동안의 입수 후에도 원래 표시된 SPF 지수의 효능이 유지되면 선스크린이 물에 대한 저항력(water resistant)이 있다고 정의하고, 만약 20분의 입수를 4회 반복한 후에도 원래의 화학적 기능을 유지한다면 방수능력(water proof)이 있다고 정하고 있다. 보통 선스크린을 사용할 때가 물 속을 자주 들락거리는 야외활동이 많고 땀을 많이 흘리는 여름날인 것을 감안한다면 선스크린의 견고성은 매우 중요하다 하겠다. 따라서 제품을 선택함에 있어서도 이러한 점들을 자세히 확인하여야 하겠다.

　여름엔 검게 탄 피부가 바캉스를 다녀온 증거물이기도 하다. 그러나 이러한 인식이 미래에도 현재와 같은 가치로 여겨질지는 의문이다. 아마도 미래에는 검게 탄 피부가 아름다움과 건강을 상징하는 기준으로 이해되기보다는 마치 동전의 양면과도 같이 건강에 해가 되는 상징으로 회피될 수 있기 때문이다. 더욱이 대기오염과 오존층의 파괴는 이런 생각의 전환을 가중시킬 것이 분명하다. 알맞은 태양에의 노출과 노출시간대 그리고 선텐로션의 사용에 대한 지식이 분명히 필요하게 될 것이다.

자외선 차단을 위해 한여름에도 내리쬐는 뙤약볕 밑에서 긴소매의 옷을 입는 경우도 종종 눈에 띈다. 그럼 의복의 자외선 차단 능력은 어떠할까. 대부분의 의복은 UVB를 차단 또는 반사시키지만 여름철에 입고 다니는 얇은 천의 옷은 SPF 지수 15 정도에도 미치지 못한다. 더욱이 이 옷감이 땀이나 물에 젖어 있을 때는 SPF 지수는 더욱 낮아지게 된다. 긴소매를 입었다고 무조건 안전한 것은 아니라는 뜻이다.

피부 보호를 위한 몇 가지 방안들을 살펴보자. 남녀노소를 막론하고 태양의 방사가 최고치에 이르는 오전 10시부터 오후 2시까지는 되도록 실내 또는 그늘에 머무르는 것이 바람직하다. 모자를 사용하는 것도 많은 도움이 된다. 그래도 검은 피부를 갖기 원한다면 이때는 DHA가 함유된 로션을 사용하는 것이 좋다. 또한 스포츠센터나 시중에 많이 보급되어 있는 기계를 이용한 인위적인 일광욕은 강한 UVA로 인해 광년령(photoaging)이나 광알레르기(photoallergy)를 유발하므로 피해야 한다. 부득이하게 많은 시간을 야외에서 보내야 하는 이들은 자외선을 무서워할 줄 알아야겠다.

특히 아이들은 한여름에 태양에의 노출이 심하다. 사실 어린이들은 어른들에 비해 태양 빛으로부터의 보호가 더욱 요구된다. 아동들이 지나치게 햇볕에 노출되거나 그을리게 되면 악성흑색종(malignant melanoma) 또는 NMSC(nonmelanoma skin cancer, 피부암의 일종)가 유발될 수도 있기 때문이다. 통계에 의하면 아동이 18세까지 SPF 지수 15를 지속적으로 사용한다면 NMSC를 78퍼센트까지 줄일 수 있다고 한다. 그리고 SPF 지수 7.5를 평생동안 사용한다면 NMSC가 유발되는 위험성이 97퍼센트 정도까지 줄어든다고 한다.

한여름의 뜨거운 햇볕에 과다하게 노출되어 피부가 화상을 입게 되면 우리의 인체 기능에도 영향이 미친다. 피부는 우리 신체 중 비율적으로 가장 큰 기관이다. 그리고 체온을 외부환경과 교환하는 중요한 기관이기도 하다. 이런 점을 고려해 볼 때 분명 체온관리와 관계 있음을 예상하기란 어려운 일이 아니다. 한 실험에 의하면 태양 빛에 붉게

수영장에서의 선텐오일?

선텐오일을 많이 사용하는 야외 수영장에서는 물 속에 들어가기 전에 샤워를 하고 선텐오일을 완전히 제거하도록 권장하고 있다. 위생상 수영장 물을 보호한다는 차원에서이다. 또한 공공장소에서 공중도덕을 지킨다는 의미에서 이런 규칙을 정해 놓았나 보다. 그러나 피부 보호라는 차원에서는 그리 합당한 것만은 아니다.

많은 사람들이 한번쯤은 궁금해 하고 느껴 왔을 것이다. 야외 수영장이나 바다에서 피부가 더욱 잘 탄다는 것을. 사실 그렇다. 피부는 바람이 잘 불고 습도가 높은, 주위에 빛을 반사하는 물체가 있는, 그리고 물 속에 자주 들락날락거리는 상황에서 최적으로 타게 된다. 차가운 피부는 UVR의 흡수를 많게 하는데, 즉 바람이 선선하게 불고 시원한 수영장 물에 자주 들어갈 때 자신이 알지도 못하는 사이에 피부가 타게 되는 것이다. 또한 촉촉한 피부는 건조한 피부에 비해 빛 흡수율이 약 4배 이상 빠르다. 이는 촉촉한 습기가 빛을 반사하거나 분산시키지 못하기 때문이다. 빛의 반사 또한 무시할 수 없다. 수면은 적게는 10에서 많게는 100퍼센트까지 빛을 반사하는데, 특히 출렁거리는 수면은 유리와 같이 잔잔한 수면에 비해 훨씬 반사율이 높다. 여기에 더운 날씨를 감안하면 땀 흘리는 우리를 연상하지 않을 수 없다. 이렇게 보니 야외 수영장이나 바닷가는 피부가 타기에 최적의 장소가 아닐 수 없다.

위생도 좋고 공중도덕도 좋지만 피부 보호를 위해서는, 과하지만 않다면 선텐오일의 사용은 도리어 권장할 만한 행위로 보아야할 것이다. 알고 규칙을 정하자.

화상을 입은 경우에는 추위에서나 더위에서 체온유지 능력이 상당히 떨어지는 것으로 나타났다. 과다한 일광욕은 체온관리라는 측면에서 해로운 요소가 된다는 증거이다.[36]

이제는 푸른 하늘에 밝은 태양이라는 것이 쾌청함만을 상징하는 좋은 이미지의 풍경이 아니다. 자외선의 영향은 우리의 피부에 해를 끼치기 충분한 힘을 가지고 있기 때문이다. 최근에는 일상생활에 사용하는 로션에도, 스킨에도 그리고 화운데이션에도 자외선을 차단하는 화학물질을 첨가되어 있는 경우가 흔하다. 앞으로는 일상복에도 자외선 차단에 효율적인 옷감을 사용하여 만들었다는 선전문구를 찾아보기 어렵지 않을 때가 올 것이다.

스포츠 음료의 비밀

스포츠 음료도 이제는 브랜드 상품의 대열에 껴 있다. 지구촌 구석구석까지 보급되어 있다는 것도 두말할 나위 없는 사실이다. 세계적인 운동선수라면 한번쯤 스포츠 음료의 광고 모델로 출연한 적이 있을 게다. 아마추어나 프로를 막론하고, 운동 종목과 상관없이 경기가 벌어지는 곳이라면 언제 어디서나 우리는 스포츠 음료 광고를 볼 수 있다. 선수들도 음료 회사들의 스폰서를 받아 쉴 틈 없이 그 음료를 마시고들 한다. 각 음료 회사들은 저마다 자신들의 음료가 다른 상표에 비해 월등하다고 주장하고 있기까지 하다. 사실일까? 과연 스포츠 음료는 어떻게 개발된 것일까. 그리고 우리에게 어떤 이득을 선사하는 걸까. 앞으로 스포츠 음료의 발전 방향은 어디일까.

스포츠 음료의 탄생을 따지다 보면 몇 가지 흥미로운 사실을 알게 된다. 음료에 대한 기초적인 연구가 시작된 지 30여 년이 채 안 된다는 것과 그 연구가 환경생리학자들의 노력에 의해 진행되었다는 것이다. 환경생리

학자들은 더위 속에서 힘든 육체적 노동을 해야 하는 사람들에게 탈진 현상이 자주 그리고 급속히 나타난다는 사실을 익히 잘 알고 있었다. 그래서 이러한 육체적 한계를 연장시키거나 방지할 수 있는 방안을 강구하고 싶어했다. 그 첫 방안이 수분의 보충이었던 것이다.

수분 보충은 일단 여러 문제점을 상쇄시키는 데 상당한 효과를 보였다.[39] 수분 보충은 운동중에 급격히 증가하는 심박수를 안정시키고, 줄어드는 땀이 지속적으로 배출되도록 하였으며, 급상승하는 체온을 유지시키기에 충분하였다. 그리고 심하게는 10퍼센트 이상씩 감소하는 혈장량(plasma volume)과 삼투압 농도(osmolality)의 증가를 막을 수 있게 하였다.

의문은 여기서 그치지 않았다. 분명 수분 섭취가 인체 활동에 상당한 이로움을 선사한다는 것에는 의심할 여지가 없었지만, 수분 보충을 어떻게 기술적으로 실행할 것이냐라는 문제에 봉착하게 된 것이다. 더욱이 승패를 가르는 운동 경기에서 수분 보충이 한 가지 전술로 이용되기 시작한 이후로, 이러한 문제의 해결이 더욱 절실히 요구되었다. 운동선수에게 있어 섣부른 수분 섭취는 안 하느니만 못할 수 있기 때문이었다.

스포츠 음료는 운동 중 체온 조절과 에너지 공급이라는 두 가지 요구를 원만히 충족시켜 주는 존재이다. 특히 더위 속에서의 운동이 우리의 체온을 42도 이상까지도 올릴 수 있다는 것을 이해한다면 열적 스트레스를 극복해야 하는 이유가 자명해진다. 또한 운동 중에 활동하

194 인간은 환경에 어떻게 적응하는가

운동 중에는 땀으로 잃어버리는 양만큼의 수분보충이 필요하다. 몸 안의 적정한 수분은 심폐기능의 안정성을 도모하고 체온을 유지하는 데 중요하며 대사활동이 원활히 이루어지도록 한다. 특히 더운 날씨에 야외에서 운동을 하는 경우에는 더욱 그러하다.

운동선수는 물론 항상 더위와 싸워야 하는 직종의 사람들은 땀으로 손실되기 쉬운 염분이나 그외 전해질이 포함된 음료를 섭취하는 것이 유리하다. 그리고 이러한 습관은 평상시에도 수분을 섭취하는 연습을 통하여 이루어져야 한다. 마라톤이나 장거리 경주와 같은 운동시합을 주관하는 주최측에서도 선수들을 위한 음료 공급대를 곳곳에 설치하여 이들의 열에 의한 사고를 미연에 방지하여야 할 것이다.

는 근육은 산소와 에너지원을 필요로 하고 그래서 근육에 충분한 혈액이 공급되어야 한다. 이 두 가지 요구사항을 모두 만족시키려면 인체는 물을 필요로 하고, 그래서 수분 보충이 필요한 것이다.

그렇다면, 수분의 보충량은 어느 정도 이루어져야 할까. 이론적으로 가장 이상적인 수분 보충량은 우리 몸에서 빠져 나가는 수분의 양만큼이다. 더위에서 지속적으로 활동하게 되면 인체는 시간당 약 1에서 2리터의 수분을 잃는다. 물론 손실되는 수분의 양은 운동 강도나 개인적 특성에 따라 현저하게 차이가 있으므로, 정확한 수분 손실량은 자주 체중을 달아 보아야 알 수 있다. 혹 자주 체중을 잴 수 없다면 맥박수의 변화로도 대충이나마 가늠할 수 있다. 약 1리터 정도의 수분이 우리 몸에서 빠져 나가면 심박수는 약 8~10회 정도 증가한다. 그렇다고 체중이 급격히 줄어들거나 심박수가 증가할 때까지 기다렸다가 수분 보충을 시작하여서는 아니된다. 운동 시작과 함께 시작하는 것이 가장 유리하다. 보충된 모든 수분이 바로 흡수되는 것이 아닐지라도 말이다.

그러나 실제로 땀을 많이 흘리게 되는 대부분의 경우에 사람은 자신이 잃어버리는 양만큼의 수분을 보충하지 못하고 있다. 한 실험에 의하면 땀을 많이 흘리는 운동선수들에게 훈련중 자유스럽게 음료를 마실 수 있도록 허락되었는데도 그들이 소비한 음료의 양은 땀으로 잃어버린 양에 훨씬 못 미치더라는 것이다. 거의 모든 사람들에게 있어 잃어버린 수분의 양만큼이 재보충되려면 목이 마르지 않다 하더라도 심지어는 필요 이상이라고까지 생각될 정도로 보충해야 된다고 한다.[21]

수분은 언제 보충하여야 가장 효율적일까. 운동 시작과 함께? 한창 운동이 진행중일 때? 아니면 운동이 끝날 무렵에? 대답에 앞서, 수분 보충의 시기문제는 보충량에 비해서는 이차적으로 중요하게 여겨진다. 이는 무엇보다도 섭취된 수분의 흡수 속도가 개인별로 극심한 차이를 보이기 때문이다. 따라서 수분 보충은 개인적인 활동 습관에 따라 조금씩 변형하여 이루어지는 것이 당연할 듯하다. 단순히 말하자면 육체활동 중에는 계속적인 수분 섭취가 누구에게나 어울리는 가장 무난한 방법이 아닐까 한다.

운동 중 섭취한 스포츠 음료가 인체 내로 가장 빠르게 흡수되고 가장 효율적으로 이용되기 위해서는 어떠한 조건들이 필요할까. 먼저 인체 활동 중에 땀으로 잃어버리는 물질들이 무엇인가를 고려해 보자. 주로 땀으로 잃어버리는 물질들은 염분과 전해질(Na, K, Cl) 그리고 소량의 미네랄 등이다.

따라서 스포츠 음료가 갖추어야 할 최우선적인 조건은 외부로 잃어버리는 물질들이 음료 내에 적정수준 포함되어 있어야 한다는 것이다. 그러나 스포츠 음료에 포함된 성분의 적정 농도가 꼭 땀으로 배출되는 성분의 농도와 같을 필요는 없다. 사람마다, 영양보충 상태에 따라, 환경에 따라 땀으로 배출되는 성분의 농도가 다르기 때문이다. 또한 위장에서 흡수되는 음료의 성분이 적정한 농도를 유지하지 않는다면 흡수가 효율적일 수 없기 때문이기도 하다. 한 예로 잃어버리는 염분과 전해질을 한번에 보충하기 위해 무작정 음료의 농도를 높여서는 안 된다. 위장으로 들어간 고농도의 음료는 삼투압의 원리에 의해 오히려 인체의 수분 흡수를 방해하기 때문이다.

둘째로 음료의 온도가 너무 차가워서는 안 된다는 것이다. 우리는 흔히 더위에 지친 몸을 식히기 위해 아주 차가운 물이나 음료를 마신다. 그러나 기분으로는 상당히 시원하다고 느낄 수 있을지 모르나, 잃어버린 만큼의 수분을 보충한다는 측면에서 보면 그렇게 좋지만은 않다. 우리 입안과 목구멍은 차가운 온도에 민감하게 반응한다. 이것을 '구강인두반사(oropharyngeal reflex)'라고 하는데 차가움을 느끼는 순간, 우리는 갈증에 대한 욕구를 잃게 된다. 따라서 차가운 음료는 필요한 양의 수분을 섭취하기도 전에 우리가 갈증을 풀었다는 착오를 일으키도록 한다. 한마디로 얼음에 얼린 음료는 피하는 것이 좋으며, 만약 얼음물을 마신다면 의식적으로 많은 양을 마시는 것이 현명하다. 그런데 사실 음료의 온도에 대한 선호도 또한 문화적, 개인적 경험에 의해 많은 차이를 보이기 때문에 정확한 최적 온도를 설정하기란 무리가 아닐 수 없다.

셋째로는 맛이다. 맛은 개인의 문화적, 경험적 특성 그리고 하루 중 어느 시간대인가에 따라 그 선호도가 달라진다. 특이한 것은 여러 유형의 맛이 수분의 섭취를 더욱 조장한다는 것이다. 한 실험에서는 오렌지, 레몬, 라임 세 가지 맛을 제공하였을 때와 한 가지 맛만을 제공하였을 때 그리고 물만을 제공하였을 때의 세 경우를 비교하였다. 그 결과 세 가지 맛을 제공하였을 때가 한 가지 맛을 제공하였을 때보다 약

22퍼센트의 섭취량 증가를 보였다고 한다. 그리고 한 가지 맛을 제공하였을 때에는 물보다 약 99퍼센트의 섭취 증가를 보였다고 한다. 사람들이 맛을 좇아간다는 것이다.[30]

특히 단맛의 첨가는 음료의 섭취를 가중시킨다고 한다. 달수록 사람들이 많이 찾는다는 얘기다. 하지만 단 것은 스포츠 음료로서 적합하지 않다. 왜냐하면 운동 중이나 후에 마시는 단 청량음료는 더욱 갈증을 일으키기 때문이다. 그래서 지금 시중에 팔리고 있는 스포츠 음료는 단 성분보다는 기능성을 강조한 이온음료들이다. 그중에는 이온음료의 닝닝한 맛을 보충하기 위해 레몬을 넣어 마시기 좋도록 만든 것도 있다. 단 것으로 유인하기보다는 여러 가지 향을 사용하여 운동선수나 소비자를 유인하는 것이다.

더위 속에서 원활한 육체적 활동을 수행하기 위해 스포츠 음료는 수분, 전해질 이외에도 에너지원인 당류가 포함되는 것이 일반적인데, 과연 어떤 농도의 음료가 최적일까. 불행히도 모든 이에게 다 적합할 수 있는 최적의 음료 농도는 일정치 않다. 다시 말하지만 개인적으로 차이가 많이 나타나기 때문이다. 단, 많은 연구들을 다각적으로 살펴보건대 분명한 것은 당류(약 5~8퍼센트)와 전해질을 약간 정도씩 함유한 음료가 순수한 물보다 효율적이라는 것이다. 현재 시중에 나와 있는 스포츠 음료 간에 우열을 가리기란 힘들다는 얘기다. 개인의 체질적 특성에 따라 약간의 차이는 있을지언정 말이다.

잠깐 당류(sugar 또는 carbohydrate)를 포함한 음료와 물간의 흡수 정도를 알아보자. 당류가 장에서 물의 흡수를 활발하게 하도록 돕는다는 실험결과가 있긴 하지만 기본적으로 순수한 물이 당을 포함한 음료에 비해서는 흡수 속도가 빠르다. 예를 들어 10퍼센트의 글루코스(glucose)가 함유된 음료는 5퍼센트의 글루코스가 함유된 음료에 비해 흡수 속도가 2배 느리다. 장에서 물이 흡수되는 속도는 처음 15분 동안 약 15㎖/min(일회용 컵의 용량이 180밀리리터 정도임을 감안하면 약 12분의 1 양이다)이고, 5퍼센트의 탄수화물을 포함한 음료의 흡수율은 약 12㎖/min(720㎖/h)이다.[5]

따라서 5퍼센트 정도의 탄수화물을 포함한 음료를 약 15분 간격으로 180밀리리터씩 마신다면 인체에 최소한의 에너지 공급은 된다는 말이다. 그럼 시간당 약 36그램의 탄수화물을 섭취한다는 것이고 이는 시간당 약 144칼로리의 에너지를 얻는다는 말이다.

얼마 전까지만 해도(심지어는 아직까지도) 강인한 정신력을 고취한다는 명목으로 혹독한 육체적 훈련에도 불구하고 수분의 섭취를 제한하곤 했다. 이제는 이러한 발상은 구태의연한 옛 사고 방식이다. 특히 더위 속에서 힘든 육체활동을 할 때는 수분의 공급이 절대적으로 필요하다. 운동선수들에게서 보듯이 말이다. 수분의 공급은 단순히 활동의 효율성을 높인다는 목적으로만 이용되는 것이 아니라 심한 경우에는 생명을 보장해 주는 기본적인 전술인 것이다. 그러나 사실 손실되는 인체의 수분을 재보충하기 위해 수분과 전해질 그리고 에너지를 공급하는 것은 한계가 있음을 인지하여야 한다. 개인 차이가 현저한데다가 수

분의 섭취는 생리적 요소뿐만이 아닌 심리적 요인도 작용하기 때문이
다. 이러한 점들을 감안한다면, 결국 스포츠 음료 산업은 음료 자체를
완벽하게 만들려는 것보다 마케팅에 더 많은 투자를 해야 되지 않을까.

나치의
추위
실험

제2차세계대전 당시 나치의 생체실험은 현 세대를 살아가는 우리들에게는 너무나도 잘 알려진 사실이다. 독일 의학은 그때까지만 해도 세계에서 가장 우수하다고 자타가 공인하던 바였고, 전쟁의 발발과 함께 자국의 병사들이 전투에 유능하게 대처하게끔 한다는 기치 아래 인체실험을 행하였던 것이다. 그러나 그들의 실험은 인간적인 윤리의 한계를 넘었고 비행으로 이어졌다. 찬물에서 얼마 동안 살 수 있는지, 이들을 다시 살릴 수 있는 방법이 무엇인지를 알고자 스스럼없이 생명의 존엄성을 유린하였다.

다음은 2차대전 종전 직후 미국의 군의관인 알렉산더 대령이 나치의 추위실험을 추적하여 그들의 자행과 문서를 보고한 내용이다.[1] 기행문 형식으로 기술된 이 보고서는 '장기간 찬물에 오래 노출된 후 소생시키는 법(The treatment of shock from prolonged exposure to cold, especially in water)' 이라는 제목을 가지고 있으며 한동안 기밀문서로 분류되어 있었다. 여기서는 간단히 중요 부분을 발췌하여 부분적이나마 실험과정과 내용을 소개하기로 한다.

추위실험의 주된 연구는 뮌헨(Munich) 대학의 뮌헨 항공의학연구소에서 이 연구소의 소장인 벨츠(Weltz)의 지도 아래 이루어진 것으로 알려지고 있다. 벨츠 박사는 1차대전 중에 공군 조종사로 활약하였으며 항공의학을 주제로 1939년부터 이 학교에서 강의를 맡고 있었다. 그의 초창기 주 연구 관심분야는 조종사들이 겪는 산소결핍증(anoxia)에 대한 것이었다. 그러다가 영국과의 전쟁 중(1940~1941년) 영국 해협에 많은 독일군 조종사들이 추락하는 일이 발생하자, 이들을 찬물에서 구출한 후 어떻게 다시 살릴 수 있을까 하는 의문이 그의 연구관심을 돌리게끔 하였다.

종전 후 알렉산더 대령은 생체실험의 증거확보를 위한 노력의 일환으로 많은 관계자들과 면담을 나누게 되었다. 면담의 대상에는 벨츠 박사와 그의 연구진들도 포함되어 있었다. 그러나 동물실험을 제외하고는 그들은 생체실험을 극구 부인하였다. 물론 알렉산더 대령은 이러한 그들의 진술을 전적으로 믿지는 않았다. 그러던 중 한 제보자는 닥하우(Dachau) 집단수용소에서 전쟁포로들이 추위실험에 동원되었고, 심지어는 죽음까지 각오해야 했다는 말을 들은 적이 있다고 했다. 실험 대상자들은 체온 측정을 위한 여러 종류의 전기적 장치를 몸에 부착하였는데, 이 장치들은 벨츠 박사가 동물실험을 위해 사용한 것들과 상당히 유사하였다.

알렉산더 대령은 괴팅겐(Goettingen)에서 베를린 대학(University

of Berlin)의 생리학 교수인 스트룩홀드(Strughold) 박사와 대화를 하게 된다. 그는 자신의 학교 내에서 라셔(Rascher) 박사에 의해 인체실험이 진행되었다는 사실을 잘 알고 있었다. 그러나 그는 이 실험들이 연구원이나 학생들만을 피험자로 사용하였고 철저하게 자발적인 지원을 기본으로 하였다고 주장하였다.

1932년부터 괴팅겐 대학 의과대학의 생리학 학과장이었던 라인(Rein) 교수는 라셔 박사를 잘 기억하고 있었다. 라인 교수는 라셔 박사가 S. S.(Schultzstaffel, 독일의 친위대)의 의학부 스태프였으며 아주 '지저분한 친구'였다고 표현하였다. 한 학회에서는 동료들로부터 따돌림을 당하고 있다고 생각한 라셔 박사가 약간은 취한 상태에서 라인 교수에게 다가와 이렇게 말하였다고 했다.

"당신은 『인체생리학』이란 책을 쓰고 인체생리학자라고 생각할지 모르나 당신은 기니피그(Guinea Pig, 실험에 자주 사용하는 작은 설치류 동물)나 쥐만을 실험했지 않소. 나는 여기 모인 모든 사람들 중에 유일하고 진실된 인체생리학자요. 나는 사람을 대상으로 실험을 하니까 말이오."

라셔 박사가 S. S.의 일원이었다는 단서는 제7군단의 서류보관소로 알렉산더 대령의 발길을 돌리게 하였다. 그곳에는 대전중에 작성된 S. S.의 문서들이 보관되어 있었고 라셔 박사의 인체실험에 대한 증거(주로 힘러(Himmler)에게 보낸 편지와 보고서, 1939년 10월 31일부터 1944년 4월까지)를 찾을 수 있었다. 놀랄 만한 사실은 힘러가 조직의 말단이었던 라셔 박사뿐 아니라 그의 아내에 대해서도 상당히 자세한 개인적 용무까지 파악, 관여하고 있었다는 것이다. 그리고 추위실험이 행해졌던 닥하우 집단수용소가 해방되기 2주 전에 라셔 박사 내외를 처형하라는 명령을 내렸다는 것이다. 힘러는 라셔 박사가 말이 많아 연합군의 손에 넘어가는 것을 두려워했던 모양이었다. 라셔 박사는 결국 1945년 초에 S. S.에 의해 체포되었고 닥하우 수용소에 수감되었다. 그리고 미군이 진군하기 2주 전인 1945년 4월에 부인과 함께 처형당했다.

분명히 인간을 실험대상으로 이용하자는 발상은 라셔 박사에 의한 것이었다. 그러나 인체실험이 라셔 박사에 의해서만 진행된 것은 아니었다. 여기에 벨츠 박사와 그외 연구진들이 합류하였고 최후로 힘러가 1942년 5월 20일에 승인한 것으로 되어 있었다. 대부분의 실험은 닥하우 집단수용소 제5실험동에서 이루어졌는데, 독일군은 바다에 빠진 그들의 조종사를 구출하고 소생시키는 데 대한 지침이 필요하였던 것이다.

첫 실험은 1942년 8월 15일에 시작되었다. 실험대상자들은 조종사 복장에 구명동의를 착용하고 2.5도에서 12도까지 되는 물 속에 빠뜨려졌다. 욕조는 2×2×2미터의 크기였고 얼음을 넣어 목표하는 온도를 유지하였다. 실험대상자들은 직장온도가 28도에 이르자 모든 구제방법에도 불구하고 사망하였다. 부검 결과 두개골 내에 약 0.5리터의 출혈이 있었으며, 우심실은 상당히 확장되어 있었다. 혈액의 점성과 헤모글로빈도 평상 수준 이상으로 증가하였고 백혈구는 보통 수치의 5배 이상 증가하였다. 혈당치도 약 2배 이상 증가하였다. 이 실험을 통해 그들은 찬물에 빠졌던 조종사가 구조 당시 살아 있지 않는 한 어떠한 방법으로도 이들을 되살릴 수 없다는 결론을 얻게 되었다.

추위실험은 닥하우 수용소에 수용되어 있던 폴란드 출신 유태인 남성에 국한되었고, 여성의 경우에는 오직 수용소 내 위안부에만 해당되었다. 종종 자원하는 수용자들도 있었는데, 실험에 참여하면 혹시 수용소에서 풀려 날 수 있을까 하는 기대에서였다. 제5실험동에서 이들은 다른 수용자들과 격리되어 수용되었는데 이곳으로 이동된 수용자는 평균 2~3일 내에 죽어 나갔다. 1942년 11월 5일에는 베를린의 S. S. 본부에서 전보를 통해 라벤스브뤽(Ravensbruck)의 여성수용소에서 4명의 여성수용자를 보낸다는 통신이 왔는데, 이들 모두가 실험용으로 죽어야 한다는 연락이 첨가되기도 하였다. 닥하우 수용소에서 살아남은 수용자들 중에 이 여인들을 기억하는 사람들은 이들이 아리따운 20대 초반의 여성들이었다고 했다.

1942년 11월 6일 라셔 박사는 힘러에게 특별한 요청을 하였다. 실험대상자들을 얼음집에 한동안 머물게 하면서 여러 종류의 의복과 음식을 실험하게 해 달라는 것이었다. 그리고 추위에 적응된 사람과 그렇지 않은 사람들이 동상이 걸릴 위험성이 얼마만큼 차이를 보이는가를 연구하는 실험도 요청하였다.

한 실험에서는 30명의 실험대상자를 야외에 방치하였다. 9시간에서 14시간까지 머물게 하여 그들의 체온이 27도에서 29도까지 떨어지게 하였다. 그리고 그들을 따스한 욕조에 넣고 체온을 올리게끔 하였다. 실험대상자들은 손과 발이 부분적으로 동상에 걸리기는 했지만 몸을 녹인 지 1시간 정도 이내에 체온이 정상으로 돌아올 수 있었다. 그는 또한 힘러에게 보내는 편지에 이렇게 덧붙였다. '실험의 성질로 봐서는 닥하우보다는 아우슈비츠 집단수용소가 더욱 추운 지역에 위치하고 있으니 여러모로 실험에 적합한 장소'라고. 이 건의가 받아들여졌는지의 여부는 확실치 않다.

또 다른 한 실험에서는 수온이 4도에서 9도 되는 물 속에 8명의 실험대상자를 입수시켰다. 그들은 직장온이 31도에 이르자 의식의 혼미함을 느꼈고 30도에서는 모두 의식을 잃었다. 그들은 직장온이 30도에 이르렀을 때 바로 침대로 옮겨졌으며, 두 명의 여인이 양쪽에서 나체의 몸으로 실험대상자의 몸을 데워 주었다. 이들 세 명에게는 담요가 덮여졌다. 이 실험은 아무런 장비 없이도 정상체온을 가진 사람이 물에 빠졌던 사람을 구할 수 있는가에 대한 가능성을 타진하는 데 그 실험의 목적이 있었다.

그러나 다른 모든 구제방법과 비교해 체온 상승이 가장 늦었다. 실험대상자 8명 중에 4명은 체온이 약 32도에 이르자 자신들을 데워 주던 여인과 육체적 성관계를 가졌으며 이후 체온 상승은 더욱 빨라졌다. 따스한 욕조에서 데워 주는 정도의 속도로 체온이 상승하였던 것이다. 그러나 이 실험중에 한 명의 실험대상자는 뇌출혈로 사망하였다.

실험결과 체온 하강을 막고 생명을 구제하기 위해서는 높은 열(40도 욕조, 최대 50도 이하)로 빠르게 처치하는 것이 효과적이라는 결론을 얻게 되었다.

체온이 29~30도 정도까지 떨어지면 서맥(bradycardia, 맥박이 느려지는 것)이 부정맥(arrhythmia, 맥박이 불규칙하게 되는 것)으로 바뀌게 되고 체온이 상승으로 돌아선 후에도 약 33~34도까지 이 부정맥은 계속되었다. 부정맥은 아무런 조치 없이도 체온이 정상으로 돌아오면 자연히 정상의 맥박을 유지하기도 하였다. 체온 하강은 약 35~36도에서부터 급속도로 떨어지는 것으로 관찰되었다. 인체가 사망하는 체온은 사람마다 차이는 있겠으나 약 24.2~25.7도로 보고하고 있었다.

현재 우리에게 알려진 나치의 추위실험의 일부는 이와 같다. 나치의 추위실험은 환경생리학이 군사적 목적으로 악용된 경우이다. 실험결과의 중요성과 목적성을 논하기 전에 비인간적인 실험과정은 우리에게 용납되지 않는 부분임에 틀림없다. 추위실험뿐 아니라 나치의 인체실험에 동원되어 목숨을 잃어버린 이들의 명복을 빌고 싶다.

나뭇잎
에서
우주복
으로

인류가 나뭇잎으로 중요한 곳을 가리고 다니기 시작한 때가 의복의 시발점이라고 생각해도 무리는 아닐 것이다. 의복이라는 것은 그후 사용과 사용을 거듭하는 가운데 그리고 인류가 이동을 하는 과정에서 기후조건에 맞도록 개선되었을 터이고 날씨에 따라 인간은 이에 적합한 의복으로 갈아입었을 것이다. 활동의 자유스러움을 위해 몸에 두르고만 다니던 것을 조금은 자신의 몸에 맞도록 만들었을 테고 그 과정에서 자신들만의 독특한 감각과 문화를 나타내는 소위 패션이 자연스럽게 창출되었으리라. 그리고 때로는 단순한 모양에 식상한 한 사람이 무늬를 넣기 시작함으로써 옷은 단순히 몸을 보호하는 차원에서 벗어나 시각적인 유희를 추구하는 도구로 이용되었을 것이다. 이제 시대의 변천과 과학의 발달로 섬유는 더욱 가벼워지고 편해지며, 효율적으로 변해 가고 있다. 패션 시장은 그 어느 때보다도 커져 가고 있는 것이 사실이다.

그러나 누가 뭐라 해도 옷을 입는 가장

기본적인 이유는 몸을 보호하자는 데 있다. 추위로부터 체온을 보호하고, 외부의 물리적인 힘으로 인한 상처를 방지하며, 곤충이나 이물질로부터 피부를 격리시키는 데 의복은 상당한 역할을 한다. 그런데 이러한 단순한 보호 차원을 넘어 경우에 따라서는 의복이 인간의 생명을 관리하고 활동의 효율성을 극대화하는 중요한 필수품으로 이용되기도 한다. 의복이 사치나 아름다움이 아닌 생명보호의 절대적인 도구로 사용된다는 것이다. 엄밀하게 말하자면 이러한 의복은 의복이라고 표현하기보다는 하나의 장비라고 보는 게 더 적절한 표현일 수도 있겠지만 말이다.

이해하기 쉬운 한 예로 우주복을 들 수 있다. 우주복은 말이 '복(服)'이지 사실은 장비다. 그러나 '복'을 포함한 장비인 것만은 확실하다. 특히 우주여행의 진면목이라 할 수 있는 흥미로운 선외활동(EVA, extra vehicular activity, 우주선 밖에서 활동하는 것)을 할 때는 우주복은 바로 인간이 유일무이하게 자신의 생명을 맡기는 장비인 것이다. 인공위성을 수거하거나 수리할 때 그리고 달 표면에서 자신의 발자국을 남길 때 우주복은 적절한 환경을 조성해 준다. 따라서 그런 적절한 환경을 만들어 주는 우주복을 개발하는 데 가장 중요시 여기는 것은 바로 생리적인 요구조건을 어떻게 맞추느냐 하는 것이다.

먼저 우주는 진공상태이다. 우주복 안은 필요한 공기가 항상 있어야 하고 그래서 일정 기압도 유지하여야 한다. 대사로 인해 생성되는 이산화탄소를 제거하여야 하고 산소의 분압(partial pressure)을 유지

　우주복은 옷이라는 의미와 함께 인간이 우주에서 활동하는 데 있어 지구에서와 같은 환경을 조성하여 주는 공간의 의미를 포함하기도 한다. 태양과 같은 별에서 방출되는 각종 방사선으로부터 인체를 보호할 수 있어야 할 뿐 아니라 기압과 온도, 습도를 조절해 줄 수 있어야 한다. 그리고 활동량에 따라 체온을 유지시켜 주는 것도 우주복의 역할 중 하나이다. 특히 우주공간에서의 활동이 많아짐에 따라 그 역할은 더욱 중요시 여겨지고 있다. 우주복의 재질에서부터 그 효율성까지 아직도 연구되어야 할 부분들이 적지 않다.

해야 한다. 그리고 수십 도, 수백 도를 오르내릴 수 있는 외부의 온도와 미소유성체(micrometeoroids, 우주를 떠돌아다니는 미세먼지)를 견디게 끔 해야 한다.

그러다 보니 공학적으로도 적합해야 한다. 예를 들어 체온유지를 위해 우주복 자체 내에서 수랭식(水冷式)으로 전도, 대류, 증발의 열교환이 일어나 체온을 유지하게끔 해야 한다. 미국의 아폴로(Apollo) 우주계획에서는 수랭복(LCG, liquid-cooled garment)을 사용하였는데, 이 수랭복은 시간당 약 400칼로리에서 500칼로리의 열량을 소비하더라도 땀이 나지 않을 정도로 효율적인 것이었다. 나중에 제미니(Gemini) 계획에서 사용한 공랭식(空冷式)이 시간당 약 250칼로리밖에 소화해 내지 못한 것에 비하면 수랭식이 훨씬 효율적이다.

수랭복이란 간단한 원리로 만들어졌다. 우주인은 속옷으로 수랭복을 입는데 마치 조끼와도 같이 생긴(사실 그 모양은 용도에 따라 달라지기도 한다) 이 옷의 겉 표면에는 부드러운 플라스틱 관을 촘촘히 둘러 몸에 달라붙게 만들었다. 그리고 이 관의 한쪽으로는 냉매가 들어가고 한쪽 끝으로는 그 냉매가 되돌아 나오도록 만들었다. 작동의 원리는 마치 에어컨의 자동온도조절 기능처럼 체온의 변화에 따라 냉매의 통과속도가 달라지게 되는 것이다. 수랭복은 우주인이 우주에서 자주 사용하는 동작들, 즉 걷기, 들기, 맨손운동 등을 수행함에 있어 체온 조절이 원활히 이루어지도록 하는 데 충분하다고 한다. 우주인들이 우주를 유영할 때 큰 배낭과 같은 것을 지고 있는 것을 볼 수 있는데 바로 이것이 냉각장치와 공기 정화기이다.

또한 우주복 안의 기압이 우주와 비교해 상대적으로 높음으므 해서 우주복은 부풀려질 것이고 따라서 거동이 불편할 수 있으므로 이를 극복하도록 만들어져야 한다. 그러나 이것이 완벽에 가까운 것은 아니다. 그래서 우주인들은 거동이 불편한 우주복을 입고 많은 훈련을 해야 한다. 예를 들어 존슨 스페이스 센터(Lyndon B. Johnson Space Center)의 수중환경연습실(Water Environment Test Facility)와 같은 큰 수영장에서 연습에 연습을 거듭하는 것이다.

그런데 또 하나의 문제는 우주복 안의 공기 압력이 지구에서와 같은 1기압이 아니라는 사실이다. 팔다리 동작의 원활함을 위해 우주선 안의 압력보다 낮게 유지되는데 그러다 보니 감압병(decompression sickness)을 유발할 소지가 다분하다는 것이다. 잠수부의 감압병에서 보듯이 우주선 안에서 우주복을 착용한 후 공기 압력을 급하게 감소시키면 세포와 혈액 안에서 작은 기포들이 생기고 이어 정맥을 통해 허파와 심장으로 이동하는 것이다. 또한 이 기포들이 피부 밑에 착상하여 전형적인 잠수병(bends)과 통증을 유발하기도 한다.

여하튼간에 우주복은 완전히 밀폐되어야 한다. 그러면서도 그 내부에는 모든 생명유지를 위한 환경이 조성되어야 한다. 그래서 공학적으로나 생리학적으로 많은 필요 조건들을 만족시켜야 하는 것은 말할 나위도 없다. 그 자체가 인간이 생명유지와 활동을 효율적으로 할 수 있도록 하는 독립된 소우주인 것이다.

특수의복의 예는 또 있다. 공군 조종사의 '지-수트(G-Suit)'이다. 전투기 비행 중에 갑작스러운 회전이나 방향전환 그리고 상승과 하강에 따라 인간은 평소에 느끼지 못하는 가중된 중력의 힘이나 또는 반대로 무중력을 느낀다. 그러다 보니 동맥을 통해 적절한 혈액 양이 뇌로 흘러 들어가야 하는 생리적 기능에 적잖은 변화가 오게 마련이다. 보통 뇌로 흐르는 혈류량과 혈압이 변화하게 되면 조종사는 순간적으로 의식을 잃을 수도 있다. 그래서 이러한 현상을 방지하기 위해 조종복의 다리 부위에는 혈압계의 고무압력 장치와도 같은 자동압력조절계가 부착되어 있다. 이 압력장치는 고도나 속도의 변화에 따라 자동적으로 압력을 변화시켜 혈액이 다리 아래쪽으로 쏠리는 상황에서는 쥐어짜듯 혈액을 상체로 보내는 역할을 하게 된다. 그래서 인체 내 혈액의 균형적인 분포를 유지하도록 하는 것이다.

공군조종사의 헬멧에도 냉각시스템이 장치되어 있다. 이 장치는 직사광선으로 인해 데워지는 온도를 조정하고 밀폐된 헬멧의 답답함을 한층 상쾌하게 느끼게끔 하는 데 주목적이 있다. 실험에 의하면 이 장치는 일의 능률을 올리는 데도 유효하다고 한다.

수랭복은 우주인뿐만 아니라 작전을 수행하는 병사들에게도 사용된다. 더운 한여름의 화생방훈련 상황이라고 가정해 보자. 장화에 밀폐된 두꺼운 바지와 윗도리 그리고 앞면이 글라스로 된 헬멧, 여기에 소독이나 탐지를 위해 메고 있는 무거운 장비. 아무리 힘 좋은 병사라 하더라도 몇 분 지탱하지 못하고 더위에 겨워 작전은 고사하고 자신의 생명마저도 위태롭게 할 수 있는 상황이다.

이때 수랭복의 사용은 작전수행 능력의 효율성을 높이고 나아가 생명을 보호하는 데도 한 몫 할 것이다. 속에는 수랭복을 입고 그리고 화생방독면과 화생방에 대비한 방독의를 입는다. 허리뒤춤으로 냉매관의 양끝이 나와 어깨에 배낭식으로 짊어진 물탱크와 물 펌프에 연결된다. 문득 '이 무거운 장비'라는 생각이 들 수도 있겠으나 더위를 이긴다는 장점에 비하면 그리 거부할 만큼의 무게는 아니다.

수랭복의 개발과 사용이 꼭 특수 부류의 전유물일 것만은 아닐 성싶다. 수랭복이라고 하였지만 사실 수랭복이 아니라도 이러한 아이디어를 적용하기는 그리 어렵지 않다. 더위환경이나 추위환경에서 각각 의복을 미리 냉각시켜 놓거나 데워서 사용할 수 있지 않을까. 그것이 냉매나 열을 사용하는 약간은 두껍고 무거운 것일 수도 있고 아니면 비열이 높은 새로 개발된 섬유를 사용한 것일 수도 있으리라.

의복 얘기를 하자니 활동과 작업수행에 효율적인 의복 얘기를 하지 않을 수 없다. 우리나라는 산악지역이 전국토의 약 4분의 3이다. 산악지역과 구릉지역이 많다는 것은 일일이 날씨의 변화를 구석구석 예측하거나 측정할 수 없다는 것과 같다. 미세기후(微細氣候, microclimate)가 자연히 많다는 얘기다. 이러한 환경에서는 작전을 수행하는 군인들의 군복이 우리나라 지형에 적합하여야 한다. 한여름에도 긴소매가 필요하고 일교차가 심한 산중에서는 두꺼운 복장이 필수적이다. 봄이나 가을에는 긴소매와 짧은 팔, 긴 바지와 짧은 바지로 마치 '트랜스포머

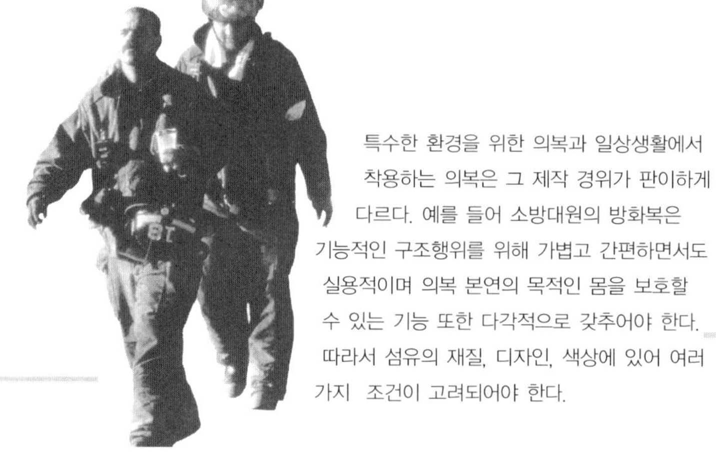

(transformer)'와도 같이 복장을 변형시킬 수 있는 군복이 우리나라 군인들에게는 적합하리라 생각된다. 미군의 개구리복과 비슷한 군복을 부대의 특성과 상관없이 여기저기서 다들 사용하고 있는 것이 안타까울 뿐이다. 군복이 병사의 작전임무 목적에 부합되어야 하는 것은 당연지사이기 때문이다.

기능복은 기능복다워야 한다. 패션을 위한 복장이 아니다. 생명을 보호하고 목적에 부합되어야 한다. 운동선수의 복장과 등산가의 의복이 다르듯이 각각의 환경에 맞도록 특이하게 제작되어야 함은 물론이다. 섬유의 개발과 효율적인 디자인으로 인간활동의 경제성을 꾀할 수 있음을 이해한다면 미래의 의복산업이 꼭 패션으로만 치우치지는 않을 것이다.

난로 같은 몸, 굴뚝 같은 옷

중·고등학교 때 교실 한가운데 놓인 조개탄을 태우는 난로를 기억한다. 겨울의 초입에 손을 호호 불고 들어온 교실엔 아침 일찍 주번이 받아 온 조개탄이 이제 막 불을 받아 타 들어가곤 했다. 아직 한기가 가시지 않은 교실 안에서 아이들은 난로 주위에 옹기종기 모여 가끔씩 뚜껑을 열곤 하였다. 불이 시원치 않으면 불구멍을 열고 책받침으로 부채질을 하곤 했다. 바람을 받은 불은 진한 회백색의 연기를 뿜으며 한껏 타 들어갔다.

인체도 조개탄을 태우는 하나의 난로와 같다. 식물성이나 동물성의 음식을 조개탄과 같은 에너지원으로 사용하여 항시 약 37도를 유지하는 신진대사 난로이다. 난로이다 보니 그 안은 열을 만드는 공장이다. 땔감이 많으면 불이 활활 타오르고, 땔감이 적으면 열 생산은 적게 마련이다. 인체의 운동은 부채질과도 같다. 부채질에 불이 오르듯이 운동은 인체의 열 생산을 부추긴다.

인체의 열은 활동이 많아지면 많아질수록 더욱 많이 발생하기 마련인데, 가만히 앉

아 텔레비전을 볼 때에도 기본적으로 열은 발생한다. 기본적 열이란 시간당 약 60칼로리에서 70칼로리 정도를 의미하는데, 만약 이렇게 발생된 열이 발산되지 않고 계속 저장된다면 체온을 약 2도 정도 올릴 수 있는 열이라고 한다. 가벼운 등산이나 크로스컨트리, 스키 같은 운동의 경우 열이 계속적으로 축적된다면 한 시간에 체온을 약 4도는 너끈히 올릴 수 있다고도 한다. 그렇다면 아주 힘든 운동을 할 때는 어떠할까. 격한 운동은 열발생량이 휴식 때의 그것에 비해 약 100배에 이르기도 하며, 이 열은 약 2.5킬로그램의 얼음 덩어리를 녹이고 또다시 이 녹은 얼음물을 팔팔 끓이기에 충분한 열량이라고 한다. 과히 인체라는 난로는 대단한 화력을 갖고 있다고 할 수 있다.

밥과 김치를 먹고 이런 괴력을 나타내는 인체는 그래서 자체적으로 발생하는 열을 외부로 방출하지 않으면 안 된다. 심지어는 추운 한겨울에도 열은 적절하게 외부로 발산되어야 한다. 흔히들 체온을 보호한답시고 추운 겨울에 옷가지를 몇 겹씩 입는 이들을 흔히 본다. 그러나 무작정 옷을 두텁게 입는다고 체온을 보호할 수 있는 것은 아니다. 두터운 복장은 거동을 불편하게 할 뿐 아니라 땀을 흘리게 할 수도 있고, 그러다 보면 오히려 열의 손실을 빠르게 할 수도 있다.

땀은 추위에서는 위험한 녀석이다. 특히 옷감이 땀을 어떻게 흡수하느냐에 따라 다르지만 젖은 옷감은 냉장고와 같은 역할을 하기도 한다. 과학적으로 증명된 말은 아니지만 에스키모인들의 옛말에 'If you sweat, you die' 라는 것이 있다. '땀을 흘리면 죽는다' 는 얘기다.

이러한 사례를 이해나 한 듯 옷감과 의복을 제작하는 사람들은 그 동안 피부와 의복 사이의 공간에 존재하는 온도의 변화(전문적인 용어로 미세기후라 한다)를 적절히 조성하도록 하는 데 많은 공헌을 하여 왔다. 그러나 아쉬운 점은 이렇듯 미세기후를 적절히 유지하도록 만든 섬유는 단지 휴식을 취하거나 가벼운 운동을 수행할 때를 기준으로 만들어졌다는 것이다. 심한 운동을 할 때 발생하는 열을 능률적으로 발산하는 것에 대한 고려는 적었다.

육체적인 운동으로 인한 열 생산이 얼마나 위력적인가를 한번 알아보자. 한 실험을 예로 들어보기로 한다.[10] 5명의 피험자를 그들 최대능력의 약 절반 수준에 이르는 강도로 운동을 시켰다. 평상온도에서 한 번은 티셔츠와 반바지 차림으로 그리고 한 번은 3겹의 가벼운 야외복 차림으로 운동을 하도록 하였다. 그리고 그들의 체온을 측정하였다. 그 다음에는 영하 18도의 온도에서 시속 약 5킬로미터의 바람 속에서 걷도록 하였다.

재미있는 현상은 이렇게 바람 불고 추운 조건에서 얼굴과 머리의 온도는 떨어지는데도 불구하고 심부온은 변화가 없었다는 사실이다. 심지어는 같은 기후 조건에서 피험자의 최대능력의 약 4분의 1에 해당하는 낮은 강도로 운동을 하도록 하였을 때도 평균 피부온이 약 1도 정도 떨어졌을 뿐 심부온에는 변화가 없었다. 더욱 중요한 것은 주위온도가 0도이고 바람이 불지 않는 조건에서 같은 강도의 운동을 하였을 경우 피부온도도 오르고 땀이 나기 시작했다는 것이다.

이 실험의 결과가 우리에게 전해 주는 바는 의미심장하다. 우리가 주위에서 보거나 또는 겪을 수 있는 일이라는 것과 춥다고 복장을 무조건 두텁게 입는다는 것이 마냥 좋은 것은 아니라는 것이다. 추위에서도 심한 육체적 활동은 열 생산을 높게 할 수 있고, 이렇게 발생된 열은 적절하게 발산이 되어야 한다. 만약 두꺼운 옷 때문에 땀이 난다면 체온 조절을 방해하고 마는 것이다. 건조할 때 상쾌한 느낌을 주는 옷감이 땀에 젖으면 느낌뿐 아니라 체온 조절에도 불리한 영향을 미칠 수 있다는 얘기다.

입는 옷에 따라 에너지 소비량에 미치는 영향을 알아보자. 추운 겨울과 쾌청한 가을날씨에 입는 옷을 비교해 보기로 한다. 한겨울엔 두터운 옷 이외에도 추위를 이기기 위해 장갑, 모자, 목도리 등을 함께 사용한다. 이들 의복의 무게는 적은 것이 아니라서 우리는 짐을 입고 다니는 격이 된다. 자연적으로 에너지 소비량도 늘기 마련이다. 겨울옷은 또한 어깨, 무릎, 발목, 팔꿈치 등과 같은 관절부위가 움직이는 데 방해를 준다. 한 실험에서는 이러한 움직임을 방해하는 의복이 인체의 에너지 소비량을 약 5∼15퍼센트까지 가중시킨다고 한다.[37] 만약에 겨울옷을 입고 평평한 도심의 인도를 걸어가는 것이 아니고 눈길을 간다고 가정해 보면 의복으로 인한 에너지 소비량은 더욱 가중될 것이 분명하다. 계산에 의하면 눈의 깊이가 약 10센티미터이면 그래서 걸음걸이의 발 높이를 높이 해야 한다면 에너지 소비량이 약 30퍼센트 증가한다고 한다. 이 많은 열이 적절히 발산되어야 함은 두말 할 나위 없다.

환경조건과 인체 활동량에 알맞은 의복을 착용하는 것은 중요하다. 일교차가 큰 봄과 가을에는 땀으로 속옷이 젖지 않도록 하는 것도 중요하다. 의복을 착용한 인체는 열 발산을 주로 환기에 의존하는데 그렇기 때문에 의복의 통풍조절 기능은 상당한 의미를 부여받는다. 활동량이 많은 사람들은 몸과 의복 사이의 통풍을 위해 목이나 손목에 열리고 닫힘을 조절하는 기능을 겸비한 의복을 선택하는 것이 좋다.

　　그러나 문제는 우리가 겨울철에 야외활동을 하기 전에 정확히 우리의 열발생량을 예측할 수 없다는 데 있다. 그렇다면 이러한 문제점을 안고 겨울옷은 어떠한 작전으로 입어야 하는 것일까. 두텁게 입으면 활동량이 많을 경우 불리하고, 가볍게 입자니 활동량이 적으면 추울 텐데 말이다.

　　사실 추위에서 상당 부분의 열은 땀이나 바람에 의해 발산된다. 그리고 옷을 입고 있을 때 대부분의 열은 목, 손목, 뚫린 주머니, 바지의 하단부위(발목) 등등 의복의 열린 사이를 통해 나오기 마련이다. 특히 바람이 세차게 불면 공기 압력의 차이로 인해 이러한 '구멍'으로부터 열의 방출은 빨라진다. 마치 굴뚝과도 같은 것이다. 이런 식으로 이해하다 보면 겨울에 야외활동에 적합한 의복은 이러한 굴뚝 역할을 하는 곳을 열고 닫음이 가능한 의복이라야 한다. 즉 손목이나 목 부위에 지퍼나, 단추나, 찍찍이를 부착하여 필요에 따라 열고 닫을 수 있도록 하는 것이다. 그래서 활동량이 많을 시에는 열고, 적을 시에는 닫아 놓아 열 방출을 조절하도록 하는 것이다.

　　그렇다면 겨울옷을 구입할 때 섬유는 무엇을 보고 골라야 할까. 먼저 두께이다. 같은 재질이라면 두꺼울수록 열 차단 능력이 높기 때문이다. 그러나 최근에 개발되는 섬유들은 열 차단 능력이 우수하므로 무조건 두꺼운 것은 거동을 불편하게 하는 구실을 안겨 줄 뿐이다. 둘째로는 습기에 대한 반응도이다. 습기를 잘 흡수하고 잘 통과하고 그리고 빨리 잘 마를수록 좋다. 그리고 땀에 젖었다 하더라도 단열의 효과가 유지되어야 한다. 같은 두께라면 단열이 우수할수록 좋고 바람도 잘 막아야 한다.

최근에는 많은 좋은 의복들이 개발되고 있다. 어떤 회사들은 옷감 자체의 통풍능력에 대해 대단한 선전을 하기도 한다. 그러나 활동량이 많은 사람들은 이러한 옷감의 초능력(?)을 너무 믿어서는 안 된다. 왜냐하면 이러한 옷감들은 대부분 인체가 안정을 취하거나 가벼운 운동을 할 때를 기준으로 그 통풍능력이 평가되기 때문이다. 따라서 격한 운동을 하는 사람들은 이런 옷을 구입하여 입더라도 의식적이면서 의도적인 체온 조절에 각별한 신경을 써야 한다.

결론적으로 겨울철 야외복을 만들고 입을 때는 먼저 이상적인 체온 유지를 위해 에너지 소비량을 줄일 수 있고 땀에 의존하지 않는 열 교환 방식을 취할 수 있도록 하는 데 그 목표를 두어야 할 것이다. 인체는 위에서 설명하였듯이 하나의 난로와도 같다. 그리고 의복은 그 난로 위에 감아 씌운 담요와도 같다. 그리고 난로는 일정한 온도를 유지하는 것이 목표인데 그러나 뜨거워진 난로의 남은 열은 담요의 사이를 비집고 새어 나오도록 해야 한다.

에필로그

이라크가 쿠웨이트를 침공한다.
11월이다.

미국을 중심으로 한 유엔 연합군은
평화수호라는 이름으로 파병한다.
갑자기 겨울에서 여름으로 건너간다.
수만의 병사들은
시차를 극복하여야 한다.

당신이 작전권을 가진 사령관이다.
전쟁을 승리로 이끌어야 한다.
피해와 손실도 최소화해야 한다.
생명을 담보로 하는 전쟁터에서
환경이 백팔십도로 바뀌는 적지에서
당신은 어떠한 용병술을 쓸 것인가.

한 명의 병사를 키우기 위해
하나의 무기와 장비를 개발하기 위해
얼마나 많은 시간과 재원을 투자하였던가.

그런데

환경에 적응하지 못한 이유 하나로

군사력을 무기력하게 할 것인가.

시차적응은 어떻게 해야 할까.

음식은 어떻게 섭취하여야 하는 걸까.

분명히 많은 물이 필요할 터인데,

물은 어떻게, 얼마나 마셔야 하는가.

사막의 기후와 환경에 맞도록

병사들의 군복도 개조해야 하고

작전은 주로 아침으로 할까?

저녁으로 할까.

아니면 한밤?

작전 수행시간은 얼마 동안이 적당할까.

궁금증은 고심할수록 쌓여만 간다.

해답이 하루 아침에 나오는 것도 아니고.

짐작으로 할 수 있는 것은 더더욱 아니다.

당신은 동전을 던져

요행을 바라지 않을 것이다.

치밀한 근거를 바탕으로 작전을 짤 게 분명하다.

요즘 같은 세상엔

전쟁도 효율적으로 해야 하니까.

효율적인 육체활동과

변화하는 자연환경에 대한 적응과 극복이

바로

승패의 관건이다.

그리고 이 모든 것들이 환경생리학의 연구과제이다.

환경생리학의 연구소재는

병사들에게만 국한되지 않는다.

운동선수

비행기 승무원

밤에 일하는 사람들

극지탐험가

예술가

소방대원

그리고

환경의 변화를 극복해야 하는

그 누구나를 대상으로 한다.

지금까지 우리는

환경의 변화와 인간의 능률과의 관계에

그다지 큰 관심을 두지 않았다.

당연히 그러려니 했을 뿐이고

항상 정신력에 의존하였다.

이제는 다르다.

정신력도 한계가 있다.

환경에 수동적인 자세로 대응하면

항시 환경에 지배되고 말 것이다.

인체가 환경에 어떻게 반응하고 적응하는가를 알면

그래서 환경을 역으로 이용한다면

인간의 용역을 최대 가치로 여기는 현대에서는

과거보다 뛰어난 인간의 활약상을 볼 수 있을 것이다.

환경을 능동적으로 이용하는 인간이 되어 보자.

참고문헌

1. Alexander, L., 「*The treatment of shock from prolonged exposure to cold, especially in water*」, CIOS 24 Med., Combined Intelligence Objectives sub-committee G-2 Div., 「*SHAEF (Rear)*」, APO 413, 1946.

2. Allen, J.R. and Wilson, C.G., 「*Influence of acclimatization on sweat sodium concentration*」, 「*Journal of Applied Physiology*」, 30:708~712, 1971.

3. Andersen, K.L., Loyning, Y., Nelms, J.D., Wilson, O., Fox, R.H., and Bolstad, A., 「*Metabolic and thermal response to a moderate cold exposure in nomadic Lapps*」, 「*Journal of Applied Physiology*」, 15:649~653, 1960.

4. Bergh, U. and Ekblom, B., 「*Influence of muscle temperature on maximal muscle strength and power output in human skeletal muscles*」. 「*Acta Physiologica Scandinavica*」, 107:33~37, 1979.

5. Brener, W., Hendrix, T.R., and McHugh, P.R., 「*Regulation of the gastric emptying of glucose*」, 「*Gastroenterology*」, 85:76~82, 1983.

6. Budd, G.M., Brotherhood, J.R., Hendrie, A.L., and Jeffery, S.E., 「*Effects of fitness, fatness, and age on men's responses to whole body cooling in air*」, 「*Journal of Applied Physiology*」, 71:2387~2393, 1991.

7. Convertino, V.A., 「*Exercise responses after inactivity*」, In: 「*Inactivity: Physiological Effects*」, edited by H. Sandler and J. Vernikos-Danellis, New York, Academic Press, 1986, pp. 149~191.

8. Crawshaw, L.I., Nadel, E.R., Stolwijk, J.A., and Stamford, B.A., 「*Effect of local cooling on sweating rate and cold sensation*」,

『European Journal of Physiology』, 354:19~27, 1975.

9. de Bold, A.J., 「Atrial natriuretic factor: A hormone produced by the heart」, 「Science」, 230:767~770, 1985.

10. Dickinson, A.L. and Mood, D., 「The performance of Klimate recreational ourterwear material in differing climate conditions」, 「Technical Report for Howe and Bainbridge」, Boston, 1984.

11. Ehret, C.F., and Scanlon, L.W., 「Overcoming jet lag」, New York: Berkley, 1983.

12. Eichna, L.W., Park, C.R., Nelson, N., Horvath, S.M., and Palmes, E.D., 「Thermal regulation during acclimatization in a hot, dry (desert type) environment」, 「American Journal of Physiology」, 163:585~597, 1950.

13. Elsner, R., Nelms, J.D., and Irving, L., 「Circulation of heat to the hands of Arctic Indians」, 「Journal of Applied Physiology」, 15:662~666, 1960.

14. Fox, R.H., Goldsmith, R., Hampton, I.F.G., and Hunt, T.J., 「Heat acclimatization of controlled hyperthermia in hot-dry and hot-wet climates」, 「Journal of Applied Physiology」, 22:39~46, 1967.

15. Glaser, E.M. and Shephard, R.J., 「Simultaneous experimental acclimatization to heat and cold in man」, 「Journal of Physiology, London」, 169:592~602, 1963.

16. Graeber, R.C., 「Recent studies relative to the airlifting of military units across time zones」, In: 「Principles and applications to shifts in schedule」, edited by L.E. Scheving and F. Halberg. Rockwille, MD: Sijthoff & Noordhof, 1980, pp. 353~369.

17. Hammel, H.T., Elsner, R.W., LeMessurier, D.H., Anderson, H.T., and Milan, F.A., 「Thermal and metabolic responses of the Australian aborigine exposed to moderate cold in summer」, 「Journal of Applied Physiology」, 14:605~615, 1959.

18. Hammel, H.T., 「Terrestrial animals in cold: recent studies of

primitive man」, In: 「*Handbook of Physiology*」, Adaptation to the Environment, edited by D.B. Dill, E.F. Adolph, and C.G. Wilber, Washington, D.C.: American Physiological Society, 1964, sect. 4. pp. 413~437.

19. Hayward, J.S. and Eckerson, J.D., 「*Physiological responses and survival time prediction for humans in ice-water*」, 「*Aviation, Space, and Environmental Medicine*」, 55:206~212, 1984.

20. Hong, S.K., Rennie, D.W., and Park, Y.S., 「*Cold acclimatization and deacclimatization of Korean women divers*」, 「*Exercise and Sport Sciences Reviews*」, 14:231~268, 1986.

21. Hubbard, R.W., Sandick, B.L., Matthew, W.T., Francesconi, R.P., Sampson, J.B., Durkot, M.J., Maller, O., and Engell, D.B., 「*Voluntary dehydration and alliesthesia for water*」, 「*Journal of Applied Physiology*」, 57:868~873, 1984.

22. Keatinge, W.R., 「*The effects of subcutaneous fat and of previous exposure to cold on the body temperature, peripheral bood flow and metabolic rate of men in cold water*」, 「*Journal of Physiology*」, 153:166~178, 1960.

23. Klein, K.E. and Wegmann, H.M., 「*The effect of transmeridian and transequatorial air travel on psychological well-being and performance*」, In: 「*Principles and applications to shifts in schedule*」, edited by L.E. Scheving and F. Halberg. Rockwille, MD: Sijthoff & Noordhof, 1980, pp. 339~352.

24. Krog, J., Folkow, B., Fox, R.H., and Andersen, K.L., 「*Hand circulation in the cold of Lapps and North Norwegian fishermen*」, 「*Journal of Applied Physiology*」, 15:654~658, 1960.

25. Kuno, Y., 「*The acclimatization of the human sweat apparatus to heat*」,. In: 「*Human Perspiration*」, edited by Y. Kuno, Springfield, IL: C.C. Thomas, 1956, pp. 318~335.

26. Lee, D.T. and Haymes, E.M., 「*Exercise duration and thermoregulatory responses after whole body precooling*」, 「*Journal*

of Applied Physiology』, 79:1971~1976, 1995.

27. Lewis, T., 「Observations upon the reactions of the vessels of the human skin to cold」, 「Heart」, 15:177~208, 1930.

28. Lukaski, H.C., 「Methods for the assessment of human body composition: traditional and new」,. 「American Journal of Clinical Nutrition」, 46:537~556, 1987.

29. Martin, B.J., 「Effect of sleep deprivation on tolerance of prolonged exercise」, 「European Journal of Applied Physiology」, 47:345~354, 1981.

30. Maughan, R.J. and Leiper, J.P., 「Post-exercise rehydration in man: effects of voluntary intake of four different beverages」, 「Medicine and Science in Sports and Exercise」, 25(suppl.):S2, 1993.

31. McCafferty, W.B., 「Air Pollution and Athletic Performance」, Springfield, IL: Charles C. Thomas Publisher, 1981.

32. Nunneley, S.A., Troutman, S.J., Jr., and Webb, P., 「Head cooling in work and heat stress」, 「Aerospace Medicine」, 42:64~68, 1971.

33. O'Hara, W.J., Allen, C., and Shephard, R.J., 「Treatment of obesity by exercise in the cold」, 「Canadian Medical Association Journal」, 117:773~786, 1977.

34. Paik, K.S., Kang, B.S., Han, D.S., Rennie, D.W., and Hong, S.K., 「Vascular responses of Korean ama to hand immersion in cold water」, 「Journal of Applied Physiology」, 32:446~450, 1972.

35. Pandolf, K.B., 「Air quality and human performance」, In: 「Human Performance Physiology and Environmental Medicine at Terrestrial Extremes」, edited by K.B. Pandolf, M.N. Sawka, and R.R. Gonzalez. Indianapolis, IN: Benchmark, 1988, pp. 591~629.

36. Pandolf, K.B., Gange, R.W., Latzka, W.A., Blank, I.H., Young, A.J., and Sawka, M.N., 「Human thermoregulatory responses during cold water immersion after artificially induced sunburn」, 「American Journal of Physiology」, 262:R617~R623, 1992.

37. Pandolf, K.B., Haisman, M.F., and Goldman, R.F., 「*Metabolic energy expenditure and terrain coefficients for walking on snow*」, 「*Ergonomics*」, 19:683~692, 1976.

38. Park, Y.S., Rennie, D.W., Lee, I.S., Park, Y.D., Paik, K.S., Kang, D.H., Suh, D.J., Lee, S.H., Hong, S.Y., and Hong, S.K., 「*Time course of deacclimatization to cold water immersion in Korean women divers*」, 「*Journal of Applied Physiology*」, 54:1708~1716, 1983.

39. Pitts, G.C., Johnson, R.E., and Consolazio, F.C., 「*Work in the heat as affected by intake of water, salt and glucose*」, 「*American Journal of Physiology*」, 142:253~259, 1944.

40. Pugh, L.G.C.E., Edholm, O.G., Fox, R.H., Wolff, H.S., Hervey, G.R., Hammond, W.H., Tanner, J.M., and Whitehouse, R.H., 「*A Physiological study of channel swimming*」, 「*Clinical Science*」, 19:257 ~273, 1960.

41. Raynaud, J., Martineaud, J.P., Bhatnagar, O.P., Vieillefond, H., and Durand, J., 「*Body temperature during rest and exercise in residents and sojourners in hot climate*」, 「*International Journal of Biometeorology*」, 20:309~317, 1976.

42. Rodahl, K., 「*Basal metabolism of the Eskimo*」, 「*Journal of Nutrition*」, 48:359~368, 1952.

43. Rome, L.C., 「*Influence of temperature on muscle recruitment and muscle function in vivo*」, 「*American Journal of Physiology*」, 259:R210~R222, 1990.

44. Sasaki, T., 「*Effect of jet lag on sports performance*」, In: 「*Principles and applications to shifts in schedule*」, edited by L.E. Scheving and F. Halberg. Rockwille, MD: Sijthoff & Noordhof, 1980, pp. 417~431.

45. Sawka, M.N., Wenger, C.B., and Pandolf, K.B., 「*Thermoregulatory responses to acute exercise-heat stress and heat acclimation*」, In: 「*Handbook of Physiology*」, Environmental Physiology. Bethesda, MD: American Physiological Society, 1996, sect. 4, vol. I, chapt. 9,

pp. 157~185.

46. Schaefer, K.E., 「Adaptation to breath-hold diving」, In: 「Physiology of Breath-Hold Diving and the Ama of Japan」, edited by H. Rahn and T. Yokoyama, Washington, D.C.: National Academy of Sciences National Research Council Publication 1341, 1965, pp. 237~252.

47. Song, S.H., Kang, D.H., Kang, B.S., and Hong, S.K., 「Lung volumes and ventilatory responses to high CO_2 and low O_2 in the Ama」, 「Journal of Applied Physiology」, 18:466~470, 1963.

48. Toner, M.M., Sawka, M.N., and Pandolf, K.B., 「Thermal responses during arm and leg and combined arm-leg exercise in water」, 「Journal of Applied Physiology」, 56:1355~1360, 1984.

49. Webb, P., 「Afterdrop of body temperature during rewarming: An alternative explanation」, 「Journal of Applied Physiology」, 60:385~390, 1986.

50. Wenger, C.B., 「Human heat acclimatization」, In: 「Human Performance Physiology and Environmental Medicine at Terrestrial Extremes」, edited by K.B. Pandolf, M.N. Sawka, and R.R. Gonzalez. Indianapolis, IN: Benchmark, 1988, pp. 153~197.

51. Wright, J.E., Vogel, J.A., Sampson, J.B., Knapik, J.J., Patton, J.F., and Daniels, W.L., 「Effects of travel across time zones (jet-lag) on exercise capacity and performance」, 「Aviation, Space, and Environmental Medicine」, 54:132~137, 1983.